Generative Design with p5.js

p5.js版ジェネラティブデザイン

ウェブでのクリエイティブ・コーディング

Benedikt Groß、Hartmut Bohnacker、
Julia Laub、Claudius Lazzeroni 編著
Joey Lee、Niels Poldervaart 協力

美山千香士、杉本達應　翻訳
THE GUILD（深津貴之、国分宏樹）監修

E

| E.0 |

序文

Karin（カリン）とBertram Schmidt-Friderichs（ベルトラム・シュミット=フリードリヒ）
Verlag Hermann Schmidt 発行人

ジェネラティブデザインは、もはやデザインを専攻する一部の学生だけが知る「秘密のテクニック」ではなくなり、大学によってはカリキュラムにしっかりと組み込まれるようになりました。インフォグラフィックから音のビジュアライズまで、アートから建築まで、さらにインスタレーションを筆頭とする空間コミュニケーションの分野でも、息をのむような魅力的な作品がジェネラティブデザインによって生まれています。

ProcessingやvvvvVは、作品を作る唯一の手段ではなくなってきました。アーティスト、デザイナー、ウェブクリエイターのために開発された、新しいJavaScriptライブラリ「p5.js」を使って、ウェブブラウザ上でプログラミングすることも可能になりました。

本書の第1版である『Generative Gestaltung（Generative Design）』は、約10年前に生まれました。その基礎的でわかりやすい切り口は今も他に類を見ないものです。この改訂版では、JavaScriptを用いることでさらに簡単にクリエイティブ・コーディングを学習できるようになっています。これにより、プログラミングに対する不安は取り除かれ、既存プログラムの一部を自らの手で変化させ、ボタンを押すだけで驚きの結果が現れるようになりました。この簡単さがなければ、自分でやらずに「プログラミング？ そういうのは詳しい友達に任せる！」といった事態に陥ってしまうかもしれません。

ジェネラティブデザインはデザインのプロセスを根本的に変えました。デザイナーはコンピュータの前では労働者ではなく、指揮者であり「雇用主」でもあり、意志決定者でもあるのです。つまり、Macにさまざまな試作品を徹底的に作らせ、そこから最も視覚的に説得力をもつ結果を選択するのです。コンピュータやAdobe Creative Suiteが用意したような、手作業のソフトウェアツール（ペン・バケツ・ブラシ等）はもう使いません。そのかわりに、我々自身がツールを創り出します。本の中で多くの例が示すように、自作のツールが自律的にクールなアートを生み出すのです。

本書であなたは、パラメータを変え、アルゴリズム全体を変更することで、プログラムの結果に影響を与えたり、改良したりすることを、ステップ・バイ・ステップで学びます。色／形／文字／画像に関する4つのシンプルなレッスンを通して学習していきます。簡単でわかりやすく、難解なプログラミングは必要ありません。p5.jsと成長の目覚ましいコミュニティを活用することで、高度な技術の基礎から、3D映像、ARのトレンドに至るまで、さまざまな情報を速やかに得ることができます。p5.jsのコミュニティは非常に活発で、絶えず新しい小さなプログラムが公開されています。コミュニティで具体的にできることや活動が行われている場は、本の中に記されています。この本のスケッチを楽しみ、p5.jsのオンラインエディタで第一歩を踏み出したら、自らの足でp5.jsコミュニティの可能性を探索しに行きましょう。

本書の4人の編著者による第1版がいくつかの言語に翻訳されている間に、彼らのうちの2人は学業を終え、教科書なしで独学したことを広くオープンにしたいと考えました。2人は自ら教鞭もとり、さまざまなデザインラボで素晴らしいアプリケーションを制作しています。彼らは学生のことをよくわかっていて、クリエイティブ・コーディングの神髄をうまく伝え、簡単にはじめの一歩を踏み出せるように後押しする方法を心得ています。

この本には特設サイトがあり、すべてのプログラム＝スケッチを無償でダウンロードできます。そのため、今すぐプログラミングを始めることができます。この本の4つのパートのチュートリアルをこなせば、データを可視化したり、インフォグラフィックを作成したり、テキスト分析の結果を視覚化したり、その他多くのことができるようになります。

それでは、クリエイティブ・コーディングの世界をお楽しみください。

| E.1 | # 日本語版への序文 |

深津貴之
THE GUILD 代表

このたびGenerative Designのp5.js版が出版されることになりました。もともと本書は、プログラミングによる視覚表現の「最高の教本」の1つでしたが、この10年でクリエイティブ・コーディングの土俵は大きく変わりました。UnityやopenFrameworkが台頭し、ウェブフロントエンドでのJavaの役割が終わり、Flashが排斥されました。ネイティブでの開発環境の主軸はUnityやopenFrameworksとなり、ウェブにおいてはProcessing（Java）やFlashの衰退とともに、クリエイティブ・コーディングの選択肢は実質的にJavaScriptだけに絞られてしまいました。そのような時代の流れにあわせて、本書がJavaScriptをサポートしたのは大変喜ばしいことです。

クリエイティブ・コーディングをめぐる状況の変化は、技術的なトレンドだけではありません。クリエイティブ業界全体の流れとして、表現とエンジニアリングの両方を理解する人材の重要性が増しつつあります。

1990年代〜2000年代において、デジタルあるいはコンピュータアートは、それだけで新しいものであり、表現として成立していました。しかしネットが普及し、誰もがスーパーコンピュータ級のスマホをポケットにいれる現在、テクノロジーは表現の基盤になりました。プログラミング、AI、インターネット……そういったものを理解しているか、使いこなせるかが、クリエイターの活躍できる範囲を大きく規定するようになっています。ITが広く普及した現在、テクノロジーは表現を行うための前提事項へとシフトしているのです。

テクノロジーが急速に発展している現在、飽和した技術は行き所を失い、ビジョンや方向性を求めています。表現者、あるいはクリエイターが正しくテクノロジーを理解することで、まだ見ぬさまざまなものが提案できるようになります。本書は、ビジュアル的な表現に特化した本ではありますが、そのような表現者の技術習得のとっかかりとしては、非常によい入り口です。

表現者が技術を学ぶには

アーティストがプログラミングを学ぶとき、最大の壁は「技術を習得することの面倒さ」です。アーティストは「作りたいモノ」がすでに頭にあります。しかし、技術学習において、これは往々にして障害となるのです。頭の中にある小粋なアニメーションや、美しいパターンを目指してプログラミングを学習すると、大抵の場合は挫折してしまうでしょう。

なぜならば、「作りたいモノ」を自在に作るためには、膨大な量の前提知識や周辺技術が必要となるからです。ちょっとした演出にロケットサイエンスが必要なこともある……それがビジュアルプログラミングの世界です。アーティストはすでに自分の得意な表現手法（手書きであれ、Photoshopであれ）を持っているので、何かを学習するよりもスケッチブックを取り出すほう

が、楽で早いのです。すでに手を動かせる人ほど、不自由なプログラミングを学ぶという面倒さが強く出てしまいます。

アーティストが技術を学ぶコツは、学習中の技術をテーマに、面白い表現を模索したり、小作品を量産することです。線の引き方を覚えたら、線をテーマにする。繰り返し文を覚えたら、繰り返しを生かした作品を作る。このように、技術から新しい表現を模索することが、アーティストにとって最も簡単な技術の学び方となります。また、学習途中で生まれる習作は、アーティストの表現の幅を大きく広げてくれるでしょう。

技術者が表現を学ぶには

一方、エンジニアの場合はどうでしょう？　エンジニアからビジュアル・コーディングを始めた人々にも、多くに共通する悩みがあります。「何を作っていいかわからない」と「綺麗にならない」ということです。これらの問題は、表現技法の欠如や、表現活動そのものへの経験不足に起因します。逆をいえば、初めのとっかかりと勉強の仕方で解決できるわけです。

エンジニアにおすすめの勉強法は、表現手法をお題ととらえて、そのロジックをコード化していくことです。例えば色彩理論や構図、アニメーション演出といった表現技法を学び、それをコードやライブラリ化する。最初のうちは、サンプルや検証コードのつもりで作品を制作するとよいでしょう。

このような制作スタイルをとることで、ビジュアル・コーディングと並行して表現技法を体系的に学ぶことができます。エンジニアの習作は、はじめのうちは色彩や構図にメリハリが欠けたモノになりがちです。しかしそれは、理論をコード化することによって容易に克服できます。エンジニアの気質としても、ゴールの曖昧な作品制作を行うよりも、表現を技術として学び遊ぶほうが簡単です。

またエンジニアの場合、アーティストとは違う楽しみ方もあります。それは、ライブラリの公開です。視覚ロジックをライブラリ化しGitHubなどで共有することで、さまざまなアーティストが自分の代わりに作品を作ってくれる。これはエンジニアならではの楽しみかたでしょう。

この本を手に取ったあなたは、表現者かもしれないし、技術者かもしれません。どちらにしても、このアドバイスが役に立てばと思います。

最後にどちらのタイプにも有効なアドバイスをひとつ。上達につながる最短経路は「回数」です。1つの超大作を作るよりも、小さな秀作を数多く、コンスタントに発表していくのがおすすめです。面白い作品が作れたら、私と共同監訳者の国分がFacebookで主催している、Interactive Codingグループにぜひ投稿してください。

https://www.facebook.com/groups/1478118689119745/

E.2 目次

E	Introduction イントロダクション	2-43

E.0	序文	3
E.1	日本語版への序文	5
E.2	目次	8
E.3	ウェブサイト	10
E.4	作品事例	12

P	Basic Principles 基本原理	44-227

P.0		はじめてのp5.js	44
	P.0.0	p5.js、JavaScriptとProcessing	46
	P.0.1	開発環境	48
	P.0.2	言語の要素	50
	P.0.3	美しいプログラミング作法	58
P.1		色	60
	P.1.0	HELLO, COLOR	62
	P.1.1	色のスペクトル	64
	P.1.1.1	グリッド状に配置した色のスペクトル	64
	P.1.1.2	円形に配置した色のスペクトル	66
	P.1.2	カラーパレット	68
	P.1.2.1	補間で作るカラーパレット	68
	P.1.2.2	画像で作るカラーパレット	70
	P.1.2.3	ルールで作るカラーパレット	74
P.2		形	80
	P.2.0	HELLO, SHAPE	82
	P.2.1	グリッド	84
	P.2.1.1	グリッドと整列	84
	P.2.1.2	グリッドと動き	88
	P.2.1.3	グリッドと複合モジュール	92
	P.2.1.4	グリッドとチェックボックス	96
	P.2.1.5	グリッドからモアレ模様へ	100
	P.2.2	エージェント	104
	P.2.2.1	ダムエージェント（単純なエージェント）	104
	P.2.2.2	インテリジェントエージェント	106
	P.2.2.3	エージェントが作る形	110
	P.2.2.4	エージェントが作る成長構造	114
	P.2.2.5	エージェントが作る密集状態	118
	P.2.2.6	振り子運動をするエージェント	122
	P.2.3	ドローイング	128
	P.2.3.1	動きのあるブラシでドローイング	128
	P.2.3.2	ドローイングの回転と距離	132
	P.2.3.3	文字でドローイング	134
	P.2.3.4	動的なブラシでドローイング	136
	P.2.3.5	ペンタブレットでドローイング	140
	P.2.3.6	複合モジュールでドローイング	144
	P.2.3.7	複数のブラシでドローイング	148

P.3 文字 **152**

P.3.0	HELLO, TYPE	154
P.3.1	テキスト	156
	P.3.1.1 時間ベースで描くテキスト	156
	P.3.1.2 設計図としてのテキスト	158
	P.3.1.3 テキストイメージ	162
	P.3.1.4 テキストダイアグラム	168
P.3.2	フォントアウトライン	172
	P.3.2.1 フォントアウトラインの分解	172
	P.3.2.2 フォントアウトラインの変形	176
	P.3.2.3 エージェントが作るフォントアウトライン	180
	P.3.2.4 並列するフォントアウトライン	182
	P.3.2.5 動くフォント	186

P.4 画像 **190**

P.4.0	HELLO, IMAGE	192
P.4.1	切り抜き	194
	P.4.1.1 グリッド状に配置した切り抜き	194
	P.4.1.2 切り抜きのフィードバック	198
P.4.2	画像の集合	200
	P.4.2.1 画像の集合で作るコラージュ	200
	P.4.2.2 時間ベースの画像の集合	204
P.4.3	ピクセル値	206
	P.4.3.1 ピクセル値が作るグラフィック	206
	P.4.3.2 ピクセル値が作る文字	212
	P.4.3.3 リアルタイムのピクセル値	216
	P.4.3.4 ピクセル値が作る絵文字	222

A Appendix 付録 **228-256**

A.1	**展望**	**230**
A.2	**解説**	**246**
A.3	**参考文献**	**252**
A.4	**編著者紹介**	**254**
A.5	**謝辞**	**255**
A.6	**訳者／監修者紹介**	**255**
A.7	**コピーライト**	**256**

| E.3 | **ウェブサイト** |

『Generative Design with p5.js』はp5.jsを使って独力でクリエイターになれる実証済みのチュートリアルです。自分ですべてのコードを書く必要はありませんし、タイピングする必要もありません。この本で紹介されるプログラム、「スケッチ」は、特設サイト（http://www.generative-gestaltung.de/）から無料でダウンロードできます。また、同サイト内で、p5.jsオンラインエディタを用いて各スケッチを実行することもできます。

本書では、コードの重要な部分を掲載して解説しています。コードをよく理解するためには、本書を読み進める際に、コンピュータ上でもコードを表示させておくのが理想的です。

Generative Design

JP

このサイトは、本書『Generative Design with p5.js』を補完する役割を持ち、本の中で解説されているプログラムのすべてのソースコードに直接アクセスできるようになっています。

⬇ Download Code Package

⬇ 「README.md」の日本語訳ファイル

スケッチ

P.1. 色

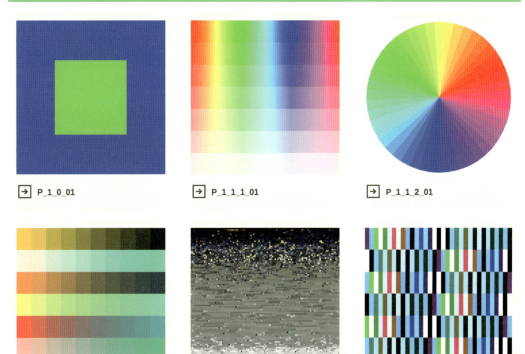

→ P_1_0_01   → P_1_1_1_01   → P_1_1_2_01

11

| **E.4** | **作品事例** |

インスピレーションの源、あるいはジェネラティブデザインの領域を代表する作品のオーバービューとして、ここではさまざまなメディアアーティスト、デザイナー、建築家による13の作品を紹介します。

01

2016/17 Daily Sketches
Zach Lieberman

Daily SketchesはZach Liebermanが人々の反応を得るためSNS上で毎日世界に向けて発信した、ジェネラティブな短編アニメーション・シリーズです。そのスケッチ群は、幾何学模様、アニメーション、表現、グラフィック、そしてコードにおける新たな視覚コンセプトを探求する彼の軌跡を見せてくれます。彼はこの毎日のスケッチについて以下のように語っています。「何度も繰り返し、アーティストとして、僕らは自分たちの周波数のどこが世界の周波数と共振するのかを必死に探ろうとしている。このスケッチ行為は、そうした周波数にチューニングするようなものなんだ」。

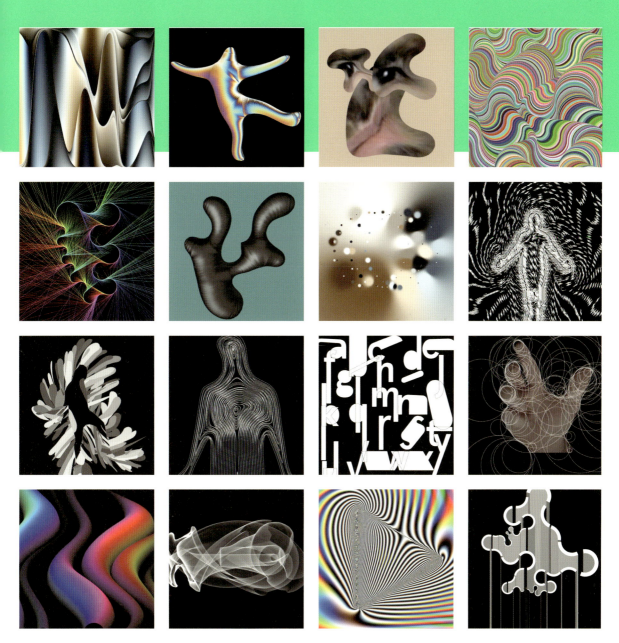

E.4 作品事例

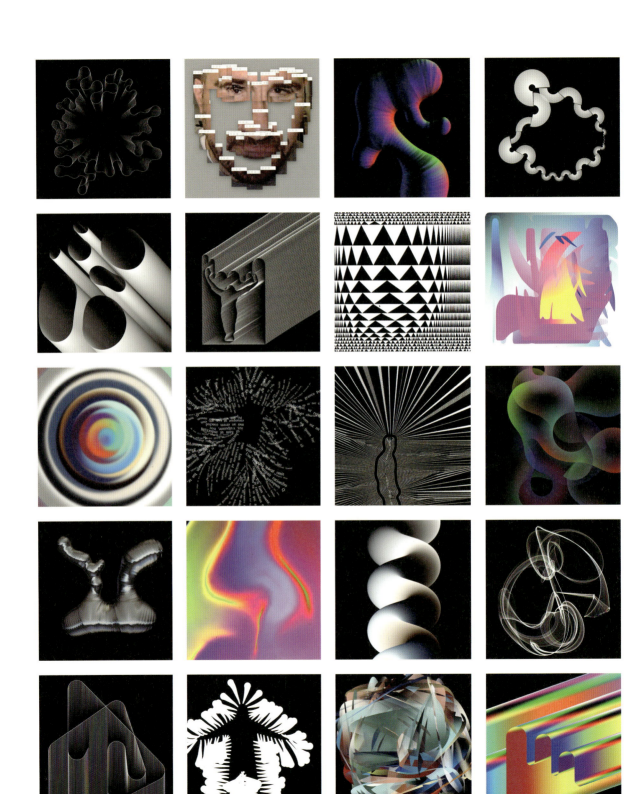

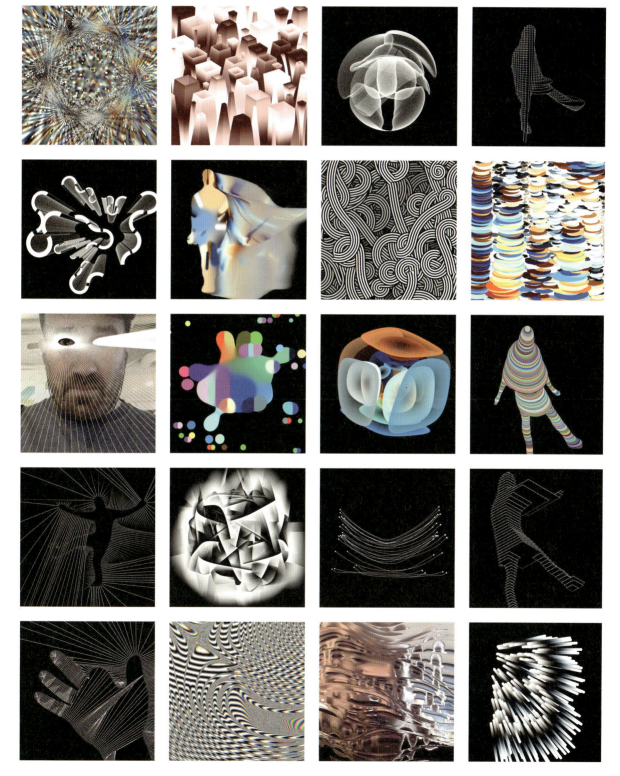

Design and Development
Shota Matsuda (Takram)

Photo Credits
Koki Nagahama

Planckはブラウザ上で動く多量の地理データを可視化するデータ・ビジュアライゼーション・フレームワークです。このフレームワークはTakramにより、この作品のために新規開発されました。Planckは分析的表現と直感的で没入感のある体験を組み合わせることに特に重きを置き、背景のぼかしや並列プロジェクションなどのテクニックによってそれを実現しています。このようなアプローチの可能性を示すために、テクノロジーアートの祭典「Media Ambition Tokyo 2017」に際して3つのデータを可視化する作品が作られました。それぞれ、2050年の日本の人口増減予測、Twitter上の言語分布、世界の飛行機の行き来を可視化しています。

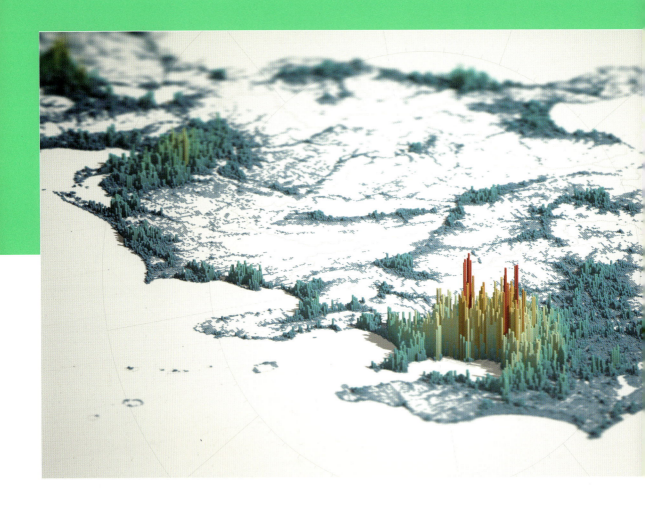

E.4 作品事例　　　　　　　　　　　　　　　　　　　　　　　　　　　　　　　　　　　　　16

02 2017 **Planck**
Takram

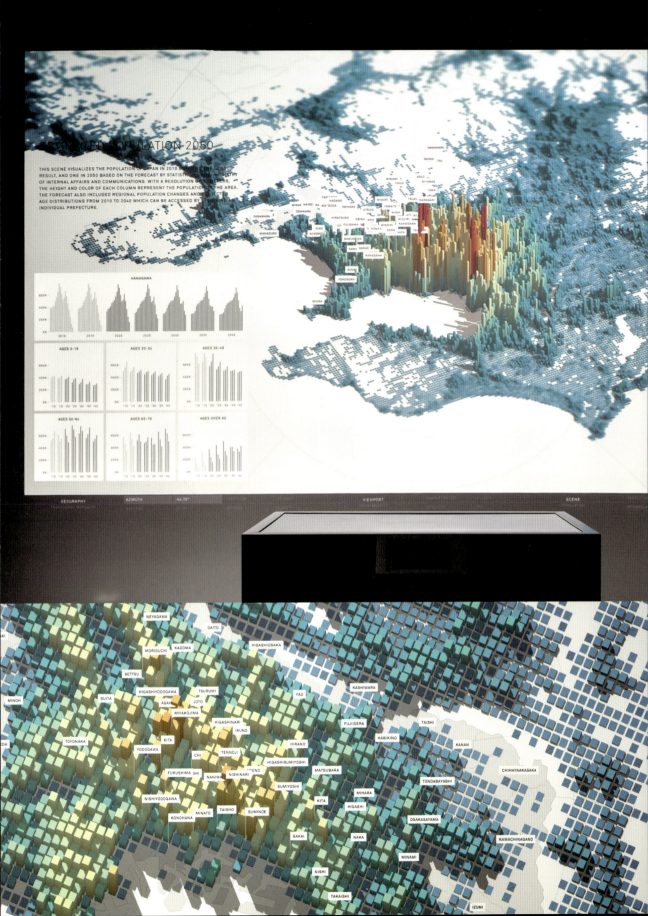

Interaction Design
Bjørn Karmann

Fashion Design
Julie Helles

Textile Design
Kristine Boesen

Bachelor Graduation Project
Kolding Design school, DK

ファッションは常に自己表現の手段でした。**Abstract_** はその考えを極限まで拡張し、顧客の服に「自己を編める」ようにしました。Abstract_ は顔認識機能を備えたインタラクティブなウェブサイトで、ユーザーは表情とともに個人的な「物語」を綴るよう促されます。表情のシークエンスとタイピングのリズムが服の布地へと変換されます。

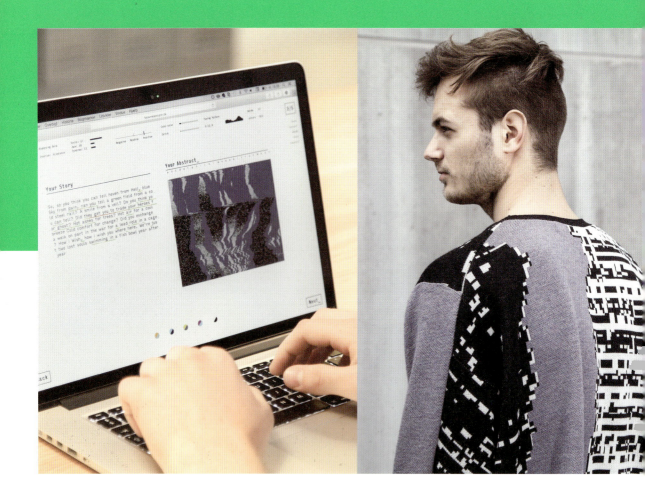

03 2015 **Abstract_**
Bjørn Karmann
Julie Helles
Kristine Boesen

04　2016　Rottlace – Björk
MIT Media Matter Group
Christoph Bader
Dominik Kolb
Prof. Neri Oxman
Stratasys Ltd.

Photo Credits
Santiago Felipe

Rottlaceはアイスランドの歌手Björkのために作られた仮面のコレクションの一部です。仮面のデザインは、人間の筋肉・運動器の形状を基調としながら、幾何学性と素材感の両方を取り入れています。この仮面は付加的な「筋組織」であり、自在に動かせながらも顔面と首を保護しています。この仮面のデザイン原則は、制作者が人造の「不可分な総体」と呼んでいるものです。

05   2016   VOID VIII 01
Andreas Nicolas Fischer

Primary programming
Andreas Nicolas Fischer and
Benjamin Maus

Additional programming
Abraham Pazos Solatie

VOIDは作者が開発したソフトウェアで生成した画像のシリーズです。粒子の群れが与えられたアルゴリズムの中で動き、キャンバス上に色とりどりの軌跡を残し、予測不能に展開する抽象的なイメージが時間経過とともに浮かび上がります。

Commissioned by and in
Collaboration with Monotype

Monotype: Type Reinventedは3つのメディア・インスタレーションから構成されるシリーズ作品です。この作品群は、新しいデジタルの可能性（インタラクティブ性、ジェネラティブデザイン、データ）を応用して、どのようにタイポグラフィが「スマートで動的かつ情緒豊か」になるかを追求しています。人気のあるMonotypeフォントは新たな文脈に置かれ、その中で一新された空間と素材の装いを得ます。

06

2017 **Monotype:
Type Reinvented**
Field

Client
Nike Global Football

Nike Strike Series FA16は短編アニメーションと3Dイメージのシリーズで、プロサッカー選手の運動能力を紹介しています。全身3Dスキャン技術によって、選手の特徴的な動きが記録され、専用の3Dモデルが身体の動きを忠実に再現します。速度、加速度、運動スキル等のデータが、選手の動作パターンを可視化する基礎になっています。

E.4 作品事例

07 2016 **Nike Strike Series FA16**
Onformative

UCL Design Computational Lab

Design
Manuel Jimenez Garcia and
Gilles Retsin

Fabrication Support
Nagami Design, Vicente Soler

Team
Manuel Jimenez Garcia,
Miguel Angel Jimenez Garcia,
Ignacio Viguera Ochoa,
Gilles Retsin, Vicente Soler

Voxel Chairはロボット工学、3Dプリンティング、ソフトウェアの進歩による新たな可能性を実証する家具のプロトタイプです。このプロジェクトのために、CADや、医学における画像診断の最新研究を用いて、複雑な構造の3Dプリンティングを可能にするソフトウェアが開発されました。Voxel Chairは、デザイナーが椅子の形ではなく、椅子に求める振る舞いや素材の特徴を「直接」デザインしたものといえるでしょう。

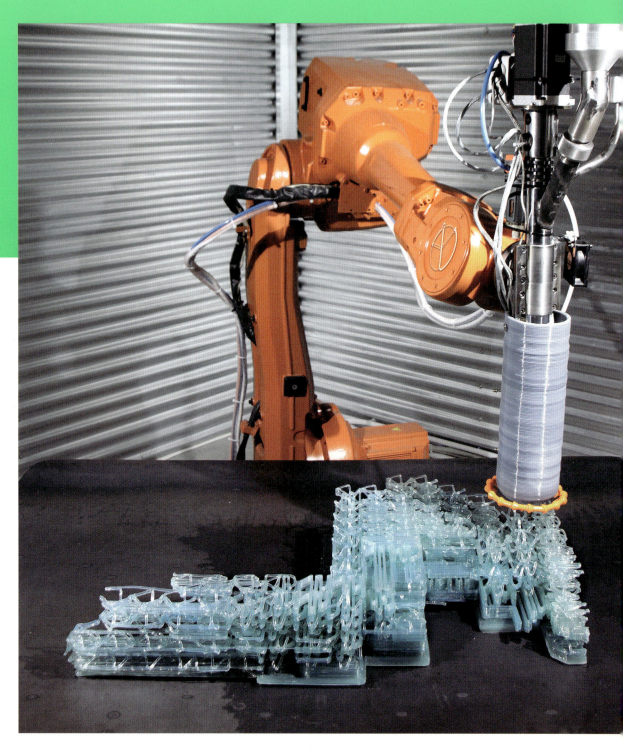

E.4 作品事例　　　　　　　　　　　　　　　　　　　　　　　　　　　　　　　28

08

2016 **VoxelChair v.1.0**
Manuel Jimenez García
Gilles Retsin
Nagami Design
Vicente Soler
UCL Design Computational Lab

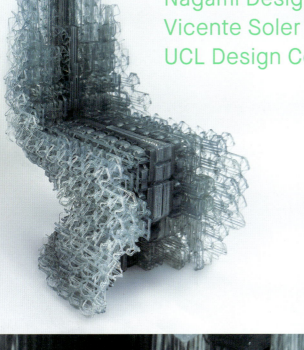

E.4 作品事例

Client
Dolby Laboratories

Collideは動きのデータを抽象イメージと音楽に変換するメディア・インスタレーションです。シュールレアルな映像と引き込まれるような音の情景は、動き・色・音の本質をとらえた没入的な空間を創り出し、解き放たれるような体験を実現しています。この作品は複数の感覚が結ばれる共感覚現象にアイデアを得たもので、室内楽とシュールな映像を組み合わせ、新たな視覚言語を形成しています。

E.4 作品事例

09 2016 **Collide:
synaesthetic art installation**
Onformative

10   2017   **Block Bills**
Matthias Dörfelt

Archival digital print on paper, 5.9 x 3.3 in

Block Billsは64の生成された紙幣から構成されるシリーズ作品です。紙幣はビットコイン・ブロックチェーンのトランザクション・ブロックを表しています。偶然性とそれぞれのトランザクション・ブロックのフィンガープリントが、紙幣の外観の生成ルールを定義しています。Matthias Dörfeltにとって、この紙幣はビットコインに対する自身の葛藤を表現するもので、通常は目に見えない仮想通貨のプロセスを可視化することで、感覚的・触覚的なものにする試みでもあります。

Map and road network data
OpenStreetMap

Routing engine
GraphHopper

Roads to Romeは「すべての道はローマに通ず」ということわざを検証する、交通に関する最大の謎をテーマにしたデータ可視化作品です。このイメージはOpenStreetMapによる実際の道路データに、ルーティング・アルゴリズムを都市から大陸のレベルまで適用したもので、この謎の大部分を明らかにしています。この作品はその美しさのみならず、道路のネットワークを通して土地の地域的、政治的、地理的な実情を浮かび上がらせています。

11 2015 **Roads to Rome**
Benedikt Groß
Philipp Schmitt
Raphael Reimann
moovel lab

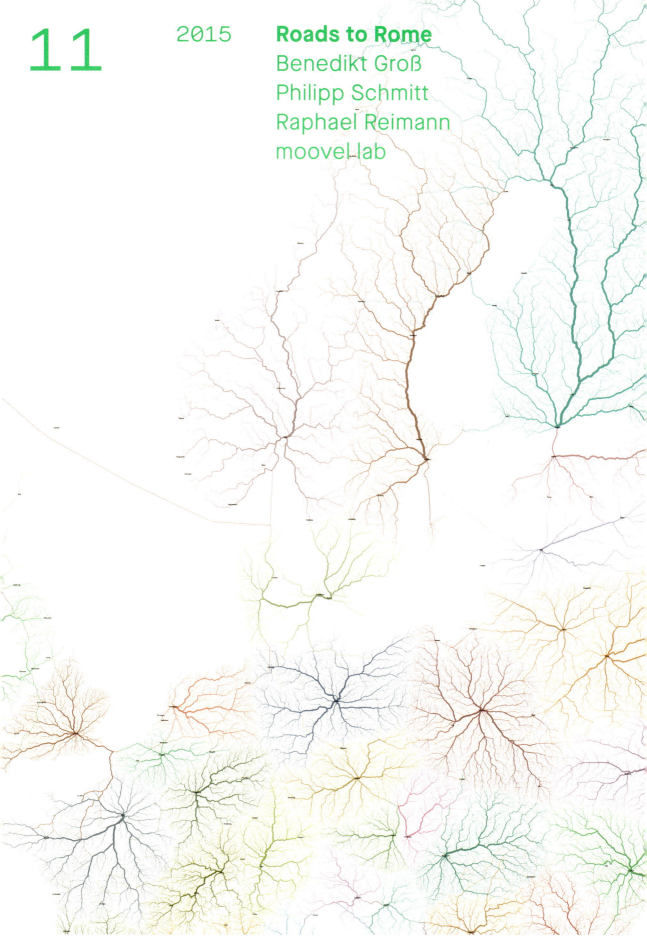

12

2015

Jller
Benjamin Maus
Prokop Bartoníček

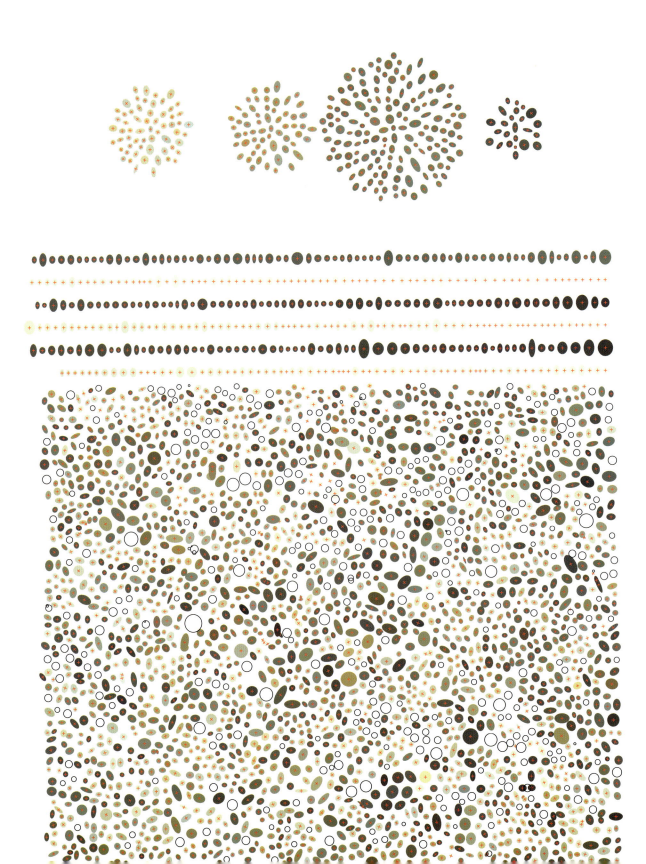

**Additional Mechanics
and Electronics**
Tomislav Arnaudov

Developed at
pebe/lab (Prague)
and FELD (Berlin)

Jllerは工業自動化技術と歴史地理学の分野で現在進行中の研究プロジェクトの一部です。装置はコンピュータによる画像認識を使って川の小石を自動的に地質学的な年代順に並べます。このインスタレーションは、自然が生み出した土地の歴史を、自動的な並べ替えのプロセスを通して見せるパフォーマンスにもなっています。

E.4 作品事例

13 | 2016 | **Aerial Bold**
Benedikt Groß
Joey Lee

Font Design
Marco Berends

Machine Learning Msc Thesis
Ankita Agrawal, Institute for Artificial Intelligence, HS Ravensburg-Weingarten

Funding and Support
Kickstarter Backers

Aerial Imagery
USGS (United States Geological Survey)

意外なことに、世界地図の中にはまだ発見されていない場所がたくさんあります。毎日、人工衛星が地球を周回し膨大な量の写真を撮影している一方で、それらの写真の中にある特徴的なものが一体何をとらえたものか、それらを発見したり分類したりする方法についての知見がほとんどありません。**Aerial Bold** -惑星アルファベット探索ミッション-はこの問題を検証し、その可能性に注目しています。

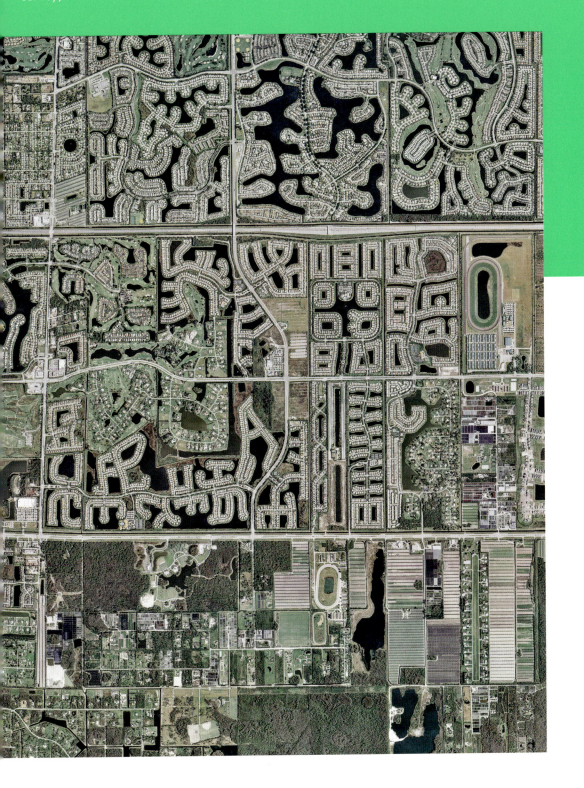

Introduction to p5.js
はじめてのp5.js

P.0	**はじめてのp5.js**	**44**

P.0.0	p5.js、JavaScriptとProcessing	46
P.0.1	開発環境	48
P.0.2	言語の要素	50
P.0.3	美しいプログラミング作法	58

P.0.0 p5.js、JavaScriptと Processing

ジェネラティブデザインを導入するにあたって、この本ではJavaScriptライブラリp5.jsを使います。ここでは基礎的なJavaScriptの要素と機能、Processingとp5.jsの歴史を手短に紹介します。

p5.jsプロジェクトは、2013年8月にLauren McCarthyによって着手されました。p5.jsの開発に至った動機を説明するには、少し話を遡らなければなりません。というのも、p5.jsはすでに長く存在しているProcessingプロジェクトをベースにしているからです。

プログラミング言語であるProcessingの開発は、2001年春にBen FryとCasey Reasが数人の協力者と始めました。Processingの主要な目的は、視覚表現に携わる人々にプログラミングへのシンプルな入り口を提供することです。Processingはツールであり、プログラムによるデジタルの「スケッチ」を素早く制作するための開発環境でもあります。[1] Processingには学習を容易にしてくれる大きく活発なコミュニティが存在し、非常に多くのサンプルや、ビデオ、チュートリアル等が用意されています。Processingは今やデザイン、インフォグラフィック、建築、アートにおけるプログラミングのスタンダードとなりました。

p5.jsはProcessingの思想を引き継ぎ、グラフィックのプログラミングをできるだけ簡単にします。p5.jsのコマンドはほとんどの場合Processingとまったく同じです。大きな違いは、p5.jsはProcessingとは異なり、JavaではなくJavaScriptをベースにしているということです。ベースとなる言語が異なるのは単に技術的な問題ではなく、利用者にとっても重要な違いです。なぜなら、JavaScriptはウェブブラウザ上で動き、ウェブページを動的でインタラクティブにするプログラミング言語だからです。つまり、p5.jsで書かれたプログラムは、ウェブに直接公開することができるのです。

→ **processingfoundation.org**

[1] Processingプログラミングについての詳細な解説は、Casey ReasとBen Fryの『Processing: ビジュアルデザイナーとアーティストのためのプログラミング入門』を参照してください。

→ **Casey Reas と Ben Fry**

p5.js はオープンソースのプロジェクトで、無償でダウンロードし、オリジナルのプロジェクトに利用することができます。p5.jsはインターネット時代に最も多く使われているプログラミング言語JavaScriptのライブラリであるため、コードサンプルを多くの開発環境でも容易に使うことができます。JavaScriptはクロスプラットフォームです。モダンなブラウザ、あるいは対応するランタイム環境があれば、1つのソースコードをすべてのOSで使え、デスクトップコンピュータだけでなくスマートフォンやタブレットで使うこともできます。

p5.jsに加えJavaScriptにはより巨大なオンラインコミュニティがあり、JavaScriptに関するほとんどすべての質問や問題に対する答えがオンライン上にあります。インターネットには、多くのJavaScriptライブラリが存在し、たいていp5.jsと容易に連携できます。

この本のプログラムでは特設サイトに用意した独自のライブラリを用います。このほかに外部のライブラリも紹介します。Generative Designライブラリを使えば、ペンタブレットで作業したり、カラーパレットをAdobeのASEフォーマットで書き出したりできます。

→ **generative-gestaltung.de**
→ **Generative Designライブラリ**

→ **パレット書き出し P.1.2**
カラーパレット

プログラムを書く p5.jsは素のJavaScriptよりもシンプルです。p5.jsはJavaScriptを利用して、特にイメージの描画（例えば円を描く）に関するコマンドをとても簡単に使え、入門しやすくしているのです。初心者でもプログラミング言語を新たに学習することなく、ブラウザのウィンドウにグラフィック要素を表示させることができます。

次のページから、開発環境のセットアップの方法を解説し、p5.jsの最も重要なプログラミング言語の要素と概念を紹介します。記載されたコマンドを入力してプログラムを実行し、コマンドによって生成されるものを見ながら、p5.jsの学習をすぐに始めることができます。

P.0.1　開発環境

今すぐプログラミングを始めたいですか？　ここでは、我々が用意したプログラムを試し、拡張し、オリジナルのプログラムを新しく作る方法を紹介します。まずすべてのプログラムをダウンロードしてください。generative-gestaltung.deにダウンロード用のリンクがあります。

手段 1：p5.js オンラインエディタ　プログラミングを始める最も簡単な方法です。必要なものはブラウザとインターネット環境のみです。

1　p5.jsオンラインエディタを開きましょう。これだけで素早くコードを試す快適な環境が手に入ります。　　→　editor.p5js.org

　　ブラウザウィンドウの左側にテキストを編集する領域があります。プレイ・ストップボタンでプログラムを開始・停止します。右側にはイメージを描画するディスプレイ、下部にはエラーやテキストを出力するコンソールがあります。

2　プログラムをアップロードするには、オンラインエディタにテキストをコピー＆ペーストするか、コレクションからスケッチをコピーします。

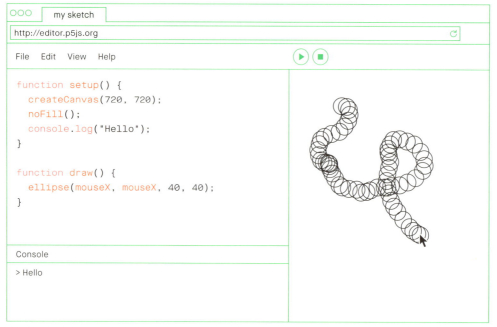

エディタと出力画面がブラウザウィンドウに統合されています。p5.jsオンラインエディタのほかにもcodepen.io、jsfiddle.netなどいろいろなオンラインコードエディタがあります。ただしこれらのエディタはp5.jsに最適化されてはいません。

手段2：コードエディタとブラウザ 初めてp5.jsを試すにはオンラインエディタが大変便利ですが、使い続けるなら自分のコンピュータ上で動作する開発環境をセットアップすることをおすすめします。

1 まずSublime Text、Atom、Brackets、Codaといった優れたコードエディタが必要です。

2 本書のコードパッケージをダウンロードしてください。リンクは特設サイト*にあります。

→ **generative-gestaltung.de**
*訳註……「JP」ページからコードパッケージ内の「README.md」の日本語訳をダウンロードできます。

3 ダウンロードが完了したら、スケッチフォルダ（P_1_0_01など）の中のindex.htmlをブラウザで開いて、プログラムを実行することができます。

4 プログラムを変更したい場合、sketch.jsファイルを開き、内容を編集し、同じフォルダのindex.htmlをブラウザで開いてください。sketch.jsを変更するたびに、ファイルを保存してブラウザでリロードする必要があります。

p5.jsのウェブサイトには、p5.jsを使用する上での詳細な解説があります。

→ **p5js.org/get-started**

! コードサンプルの中には、サーバ上で実行しないと機能しないプログラムがあります。これらのスケッチはウェブカメラやファイルといった外部リソースが必要なため、ウェブサーバ上で実行する必要があります（スケッチのURLは「http」から始まる必要があります。それ以外ではブラウザがセキュリティ上の理由から外部のリソースの使用を禁じているからです）。この問題についての詳細な解説は本書の特設サイトを参照してください。

```
P_0_0_0_01
sketch.js    index.html

function setup() {
  createCanvas(720, 720);
  noFill();
  console.log("Hello");
}

function draw() {
  background(255);
  ellipse(mouseX, mouseX, 40, 40);
}
```

コードエディタ（Sublime Textなど）。エディタは独立したプログラムで、ブラウザと統合されてはいません。

index.htmlファイルを直接ブラウザで開くとスケッチが開きます。ハードディスクから開いているので、URLは「file」から始まります。

P.0.2　言語の要素

コンピュータに指示を与えるには、コンピュータの言葉で喋らなければいけません。ここでは、JavaScriptとp5.jsの最も重要な関数と制御構造を紹介します。

HELLO, ELLIPSE　最初のプログラムです。円が描画されます。動作を確認したい方は、https://p5js.org/download/から「p5.js complete」をダウンロードし、empty-exampleフォルダ内のsketch.jsを開いて、`draw()`関数の中に以下のコードを入力してください。それから、フォルダ内のindex.htmlをブラウザで開きます。

1
```
function draw() {
  ellipse(50, 50, 80, 80);
}
```

`ellipse`、`rect`、`line`といった、描画をするコマンドと、`stroke`、`strokeWeight`、`noStroke`、`noFill`といった、グラフィックの描画方法（モード）を指定するコマンドがあります。描画のモードを一度設定すると、再び設定するまでは、それ以降の描画コマンドすべてに適用され続けます。ほとんどの描画コマンドは、1つまたは複数のパラメータが必要です。パラメータで、描画する位置やサイズを指示します。単位はピクセルです。座標系の原点は、ディスプレイ領域の左上角です。

2
```
point(60, 50);
```

つまり、`point(60, 50)`関数で生成されるピクセルは、左端から60ピクセル、上端から50ピクセル離れた位置に描かれます。

複数行のコードを書くことも可能です。その場合、各行は上から下に順番に評価されます。例えば次のように書けば、p5.jsはコードを右のように解釈します：

3
```
fill(128);
strokeWeight(1);
ellipse(40, 50, 60, 60);
rect(50, 50, 40, 20);
```

コードを書くとき、大文字と小文字には十分気をつけてください。例えば`strokeWeight()`を`strokeweight()`や`StrokeWeight()`と書いてしまうと、正しく認識されません。

1 円がディスプレイ領域に描画されます。丸括弧`()`と`function`という予約語で関数の名前とパラメータを定義します。波括弧`{ ... }`の中に、関数が実行することを定義します。今回の場合は「円を描くこと」です。

2

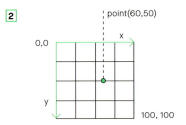

3 塗り色を中間のグレーに、線の太さを1ピクセルに設定します。座標(40, 50)に、幅60、高さ60ピクセルの円を描きます。座標(50, 50)に、幅40、高さ20の長方形を描きます。

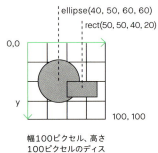

幅100ピクセル、高さ100ピクセルのディスプレイ領域

Setup、Draw、Preload p5.jsは自動的に呼び出されるさまざまな関数を用意しています。特に重要な関数が`setup()`と`draw()`です。

`draw()`関数は毎描画ステップごとに呼び出され、そのたびに関数内のすべてのコマンドを実行します。

4
```
function draw() { }
```

5
```
function draw() {
  console.log(frameCount);
}
```

`draw()`関数は、一定の時間間隔で呼び出されます。この間隔は1秒間に描画するイメージの枚数で指定します。初期値としては毎秒60枚＝60フレームが指定されていますが、`frameRate()`関数で変えることができます。

6
```
frameRate(30);
```

ただし、フレームごとの計算量が大きすぎるとブラウザが指定した時間内にコードを実行できなくなり、フレームレートが自動的に減少します。

プログラムを開始するときに1回だけ実行して、フレームごとに繰り返し実行する必要のない処理もあります。その際は`setup()`関数を使います。

7
```
function setup() {
  frameRate(30);
}
```

プログラム開始時に確実に追加データのロードを完了するには、`preload()`関数を使います。

8
```
function preload(){
  img = loadImage("data/pic1.jpg");
}
```

ディスプレイ領域とレンダラー ディスプレイ領域はブラウザウィンドウの中に表示されます。この領域はプログラムがイメージを描画する舞台のようなものであり、自由なサイズに変えられます。

9
```
createCanvas(640, 480);
```

`createCanvas()`関数では、幅と高さのパラメータのほかに、イメージを描画するために利用するレンダラーを指定できます。レンダラーは、描画コマンドの結果をピクセルに落とし込む役割を担っています。以下の選択肢が利用できます。

10
```
createCanvas(640, 480, P2D);
```

11
```
createCanvas(640, 480, WEBGL);
```

---

4 `draw()`関数には何もコマンドが入っていませんが、この関数があることでプログラムが動き続けます。

5 コマンドが1つ入っている`draw()`関数です。`console.log()`関数はブラウザのコンソール領域にテキストを出力します。ここでは、増え続ける現在のフレーム番号を出力しています。

6 描画速度を毎秒30枚に設定します。

7 `setup()`関数内にあるコマンドは、プログラムを開始する際に1回だけ実行されます。

8 `preload()`関数ではデータのロードを指示します。ここでは1枚の画像がロードされています。

9 ディスプレイ領域を、幅640ピクセル、高さ480ピクセルにします。

10 標準のレンダラーです。何も指定しないときにも利用されます。

11 ウェブブラウザ上でハードウェア・アクセラレーションを伴う3Dグラフィックを表示するためのレンダラーです。

座標変換 p5.jsの強みの1つは、座標系の移動、回転、拡大縮小ができることです。座標変換を行うと、すべての描画コマンドは変更された座標系に従います。

`12`
```
translate(40, 20);
rotate(0.5);
scale(1.5);
```

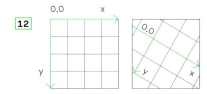

この例では、座標系を40ピクセル右に、20ピクセル下に移動し、次に0.5ラジアン(約30°)回転し、最後に1.5倍に拡大しています。

p5.jsでは角度を「ラジアン」で表します。ラジアンでは、180°が円周率の数値(≒3.14)に相当し、回転方向は時計回りです。

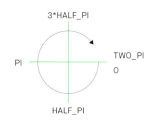

変数とデータ型 プログラムでは、いろいろな部分で必要になる情報を変数に収めることができます。変数には、どんな名前でもつけられます。ただしJavaScriptの予約語を除きます。予約語はエディタの中で色がつくので区別することができます。

`13`
```
var myVariable;
myVariable = 5;
```

`13` 変数myVariableを作成します。この変数に、5という値をもたせています。

変数にはさまざまな種類のデータを格納できます。ほかの多くのプログラミング言語と異なりJavaScriptでは変数を作るときにデータの型を精査しません。それでも、変数がどの種類の値を格納しているかを把握しておいたほうがよいでしょう。データ型には次のようなものがあります。

`14` `var myBoolean = true;`

`14` 論理値(ブーリアン値)。trueまたはfalse。

`15` `var myInteger = 7;`

`15` 整数。50、-532など。

`16` `var myFloatingPointNumber = -3.219;`

`16` 浮動小数点値。0.02、-73.1など。

`17` `var myCharacter = "A";`

`17` 1つの文字。"a"、"A"、"9"、"&"など。

`18` `var myString = "This is a Text";`

`18` 文字列。"Hello, world"など。

配列 たくさんの値を扱う場合、それぞれの値ごとに変数を作成するのは面倒です。配列を使うと、複数の値をまとめて管理できます。

`19`
```
var planets = ["Mercury", "Venus", "Earth", "Mars",
               "Jupiter", "Saturn", "Uranus", "Neptune"];
```

`19` 配列は角括弧で初期化します。角括弧の中に任意の個数の値(ここでは8つの惑星の名前)を、コンマで区切って並べます。

20 `console.log(planets[0]);`	**20** 変数名の後ろの角括弧にインデックス番号を指定すると、配列内の値を取得できます。インデックス0が指すのは、配列の最初の項目(すなわち"Mercury")です。

値をすぐに割り当てる必要がない場合は、最初に配列を作成して、後で値を入れることができます。

21 ```
var planetsDiameter = [];
planetsDiameter[0] = 4879;
planetsDiameter[1] = 12104;
planetsDiameter[2] = 12756;
planetsDiameter[3] = 6794;
...
``	**21** 角括弧で空っぽの配列として初期化します。初期化した後で、配列に値を代入しています(プログラム実行中に後から代入することもできます)。

配列は内包する要素を操作する多くの関数も持っています。本書では、配列の最後に新たな要素を加える**push( )**関数をよく使います。

22 `planets.push("Pluto");`	**22** 冥王星(Pluto)は太陽系の惑星とはみなされていませんが、その名前を**planets**配列にこのようにして追加できます。

オブジェクト　配列と同様に、オブジェクトにも多くの情報を一度に格納することができます。配列との違いは、個々の値をインデックス番号ではなく、キーで参照するところです。

23 ```
var planet = {name: "Saturn", mass: 5.685e26,
             temperature: 134};
planet.diameter = 120536;

console.log("mass in kg: " + planet.mass);
``` | **23** オブジェクトは波括弧で初期化します。ここでは3つのキーと値のペアからなるオブジェクトを生成します。既存のオブジェクトにキーと値のペアを追加し、値を参照しています。 |

次の方法で値にアクセスすることもできます。キーが最初から定まっておらず、動的に作られ、参照する場合に必要となる方法です。

24 ```
var k = "mass";
console.log("mass in kg: " + planet[k]);
``	**24** キーの名前が変数に代入されている場合、ドットではなく角括弧を使う方法でしかアクセスできません。

演算子と計算式　p5.jsでは、もちろん計算も実行されます。次のような簡単な数値を使った計算ができます。

25 `var a = (4 + 2.3) / 7;`	**25** 計算結果の値0.9がaに保存されます。

文字列と組み合わせることもできます。

26 `var s = "Circumference of Jupiter: " + (142984*PI) + " km";`	**26** 変数sは文字列"circumference of Jupiter: 449197.5 km"となります。

変数と組み合わせることもできます。

27 `var i = myVariable * 50;`	**27** **myVariable**の値に50を掛けた結果が**i**に保存されます。
```

算術演算子として、+、-、*、/、%、!を利用できます。たくさんの数学関数
も利用できます。その一部を紹介します。

```
28    var convertedValue = map(aValue, 10, 20, 0, 1);
```

28 aValueの値を、10から20までの範囲の数値から、0から1までの範囲の数値に変換します。

```
29    var roundedValue = round(2.67);
```

29 四捨五入：roundedValueは3。

```
30    var randomValue = random(-5, 5);
```

30 -5と5のあいだの乱数。

```
31    var cosineValue = cos(angle);
```

31 角度のコサインを計算。

マウスとキーボード 入力デバイスであるマウスとキーボードの情報にアク
セスする方法がいくつかあります。1つ目の方法は、p5.jsが用意している
変数を参照することです。

```
32    function draw() {
        console.log("Mouse position:" + mouseX + "," + mouseY);
        console.log("Mouse button pressed?:" + mouseIsPressed);
        console.log("Key pressed?:" + keyIsPressed);
        console.log("Last pressed key:" + key);
      }
```

32 p5.js変数のmouseXとmouseYには、常に現在のマウスの位置（座標）が入っています。マウスボタンのどれかが押されているときは、mousePressedがtrueになります。keyPressed変数はキーボードのキーが押されているかどうかを示しています。keyには最後に押されたキーが入っています。

もう1つの方法は、イベントハンドラを実装することです。イベントハンドラ
は、マウスボタンやキーボードのキーが押されるといったイベントが発生し
たときに呼び出されます。

```
33    function mouseReleased() {
        console.log("The mouse button was released");
      }
```

33 mouseReleased()関数は、マウスボタンが離されたときに呼び出されます。

このほか、**mousePressed()**、**mouseMoved()**、**keyPressed
()**、**keyReleased()**といったイベントハンドラがあります。

条件文 ある場面に限ってコードの一部分を実行しなければならないこと
がよくあります。そのためによく使うのが**if**文です。

```
34    if (aNumber == 3) {
        fill(255, 0, 0);
        ellipse(50, 50, 80, 80);
      }
```

34 条件を満たすとき、つまりaNumberが3のときだけ、波括弧{}に囲まれている2行のコードを実行します。

```
35    if (aNumber == 3) {
        fill(255, 0, 0);
      } else {
        fill(0, 255, 0);
      }
```

35 elseを使って、if文の条件を満たしていないときに実行するコードを加えます。

```
36    if (aNumber == 3) fill(255, 0, 0);
      else fill(0, 255, 0);
```

36 1つ前の例のように、実行するコードが1行だけの場合は、波括弧を省略することもできます。

P.1 はじめてのp5.js

複数の値をとり得る変数の値によって分岐する場合、`switch`文を使います。

37
```
switch (aValue) {
  case 1:
    rect(20, 20, 80, 80);
    break;
  case 2:
    ellipse(50, 50, 80, 80);
    break;
  default:
    line(20, 20, 80, 80);
}
```

37 この`switch`文では、変数`aNumber`の値が`case`の行に書かれた値のいずれかに一致しているかどうかを判定し、一致している場合、その部分に移動して`break`文があるまでコードを続けて実行します。

一致する値がない場合、`default`に移動して、この部分のプログラムを実行します。

関数 プログラム中に、同じようなことを行う部分が別々の場所に現れることがよくあります。この場合、該当する部分を関数としてまとめると便利です。

38
```
function draw() {
  translate(40, 15);
  line(0, -10, 0, 10);
  line(-8, -5, 8, 5);
  line(-8, 5, 8, -5);
  translate(20, 50);
  line(0, -10, 0, 10);
  line(-8, -5, 8, 5);
  line(-8, 5, 8, -5);
}
```

38 座標系を動かして、移動した場所に3本の線で星を描いています。それから再び座標系を動かして、新しい場所に同じコマンドを使ってもう一度星を描いています。

このプログラムで星の形を変えるには、2か所にある描画コマンドをそれぞれ変更しなければいけません。そこで、星を描いている部分を関数にまとめると便利です。

39
```
function draw() {
  translate(40, 15);
  drawStar();
  translate(20, 50);
  drawStar();
}

function drawStar() {
  line(0, -10, 0, 10);
  line(-8, -5, 8, 5);
  line(-8, 5, 8, -5);
}
```

39 `drawStar()`関数には描画コマンドが入っています。この関数はプログラムのどこからでも呼び出すことができ、関数内のコードを実行できます。

P.0.2 言語の要素

関数に値を渡したり、結果の値を返してもらったりすることもできます。

40
```javascript
function setup() {
  console.log("The factorial of 5 is 1*2*3*4*5 = "
              + factorial(5));
}

function factorial(theValue) {
  var result = 1;
  for (var i = 1; i <= theValue; i++) {
    result = result * i;
  }
  return result;
}
```

40 ここでは、1つの値（theValue）を渡すことのできるfactorial()関数を定義しています。

この関数が呼び出されるとき、パラメータの値（ここでは5）が変数theValueに入ります。

関数の中では、渡された値を使ってさまざまな計算を実行して、return文で結果を返しています。

JavaScriptプログラミングでは1つの関数を別のもう1つの関数のパラメータとして渡すテクニックをよく使います。渡された関数は指定したイベントが発生したときに実行されます。この種の関数をコールバック関数と呼びます。

41
```javascript
loadJSON("myData.json", callback);

function callback(data) {
  console.log(data);
}
```

41 p5.jsの関数loadJSON()をこのように使う場合、ロード中もプログラムは動き続け、バックグラウンドで処理されます（非同期ロード）。ファイルが完全にロードされたら、callback()関数が呼ばれます。

ループ（繰り返し）　プログラム内の特定のコマンドを何回か実行させるときに使います。いくつかの方法でループをプログラムすることができます。

for文は、指定した回数分、コードを繰り返すのに使います。

42
```javascript
for (var i = 0; i <= 5; i++) {
  line(0, 0, i * 20, 100);
  line(100, 0, i * 20, 100);
}
```

42 波括弧に囲まれた2行のコードが、正確に6回実行されます。はじめに変数iの値が0に設定され、値が5以下である限り、繰り返し後に1追加されます（i++）。

while文は、ある条件を満たすまで繰り返し実行します。

43
```javascript
var myValue = 0;
while (myValue < 100) {
  myValue = myValue + random(5);
  console.log("The value of myValue is " + myValue);
}
```

43 このwhile文では、変数myValueの値が100未満である限り、繰り返されます。ループするたびに、0から5までのランダムな値が追加されています。

P.1　はじめてのp5.js

配列のすべての値を1つずつ調べるにはいくつかの方法がありますが、次の2つの方法が一般的です。

```javascript
var planets = ["Mercury", "Venus", "Earth", "Mars",
               "Jupiter", "Saturn", "Uranus", "Neptune"];
```

44
```javascript
for (var i = 0; i < planets.length; i++) {
    console.log(planets[i]);
}
```

44 手段1：このforループは、変数iが配列の長さ未満のときに実行されます。

45
```javascript
planets.forEach(function(planet) {
    console.log(planet);
});
```

45 手段2：ここでは配列の関数forEach()を使っています。この関数はループするたびに呼び出されるコールバック関数が必要です。planet変数には、配列のそれぞれの値が次々に入ります。

オブジェクトのすべてのキーと値のペアを1つずつ調べるには、次のforループの変形版を使うと便利です。

```javascript
var planet = {name: "Saturn", mass: 5.685e26,
              temperature: 134, diameter: 120536};
```

46
```javascript
for (k in planet) {
    console.log("Key: " + k + ", Value: " + planet[k]);
}
```

46 変数kにはオブジェクトのキーが次々に入ります。このキーを使って対応する値にアクセスできます。

P.0.2 言語の要素

P.0.3　美しいプログラミング作法

プログラミングでは一般的に、求めている1つの結果を得るための方法がたくさんあります。つまり、あるプログラムが動作していても、いろいろな方法のうちの（もちろん主要な）1つの方法でしかないのです。そこでここでは、留意すべきいくつかの側面について少し解説します。

コメント　プログラムが複雑で手の込んだものになればなるほど、他人には（少し時間がたつと自分でも）プログラムを見通すことが難しくなります。理解できないプログラムは、改変することも拡張することもできません。プログラム内にコメントを書けば、理解しやすいコードを保つことができます。

1
```
// 現在のマウスの位置と前回の位置の距離を計算することで、
// マウスの速さを求める
var speed = dist(mouseX, mouseY, pmouseX, pmouseY);
```

1 2つのスラッシュに続くテキストはプログラムが無視するので、コメントとして使えます。

p5.jsのコミュニティは世界中に広がっています。そのため、コメントや変数名は英語で書くことをおすすめします。英語で書いておくことで、あなたもほかの人も、インターネットのフォーラムで問題への助言や回答を探したり見つけたりしやすくなります。

わかりやすい名前と明快な構造　コメントに加え、わかりやすい変数や関数の名前をつけると見通しがよくなり、プログラムの該当部分の実行内容を理解しやすくなります。

2
```
function mixer(apples, oranges) {
  var juice = (apples + oranges) / 2;
  return juice;
}
```

2 この例では、mixer関数が何を計算しているのかよくわかりません。2つの数字の平均を計算していることは、数式から推測するしかありません。

また、関数やクラスを使って、プログラムを理解しやすい小さな部品に分割する必要があります。関数やクラスで機能をカプセル化する（隠蔽する）ことで、プログラムをすばやく変更したり拡張したりできるようにもなります。

P.0 はじめてのp5.js　　58

パフォーマンス コンピュータはますます高速化しているものの、コマンドを実行するには時間がかかります。たとえ短い時間であっても、頻繁にコマンドを実行すると一気に積み上がってしまいます。不必要な作業でプログラムに負担をかけないようにしましょう。

3
```
for (var i = 0; i < 10000000; i++) {
  var speed = dist(mouseX, mouseY, pmouseX, pmouseY);
  doSomethingWithMouseSpeed(speed);
}
```

4
```
var speed = dist(mouseX, mouseY, pmouseX, pmouseY);
for (var i = 0; i < 10000000; i++) {
  doSomethingWithMouseSpeed(speed);
}
```

本書のプログラムでは、これまで述べた原理を守るようにしています。ただし、わかりやすさとパフォーマンスは両立しないときもあります。パフォーマンスのために最適化されたプログラムコードは理解しづらくなってしまうのです。このような場合、本書ではわかりやすい構造のほうを選びます。

3 マウスの速さ**speed**を、1000万回繰り返すループのたびに計算しています。この間、マウスの位置を変えることができないにもかかわらずです。

4 そこでループの前でマウスの速さを計算するようにすると、パフォーマンスが劇的に向上します。

Color 色

この本のように、紙では光が反射したり吸収されたりすることで私たちはいろいろな色を知覚しています。それに対してコンピュータでは、それ自体から光が飛び出ています。私たちがスクリーンを見ているとき、リアルタイムに制御されたさまざまな波長の光が、目に直接届いているのです。これから示す作例では、色を扱うための最も重要な特性と、色を使ってスクリーンをデザインする手法を解説します。

P.1 色	60
P.1.0　HELLO, COLOR	62
P.1.1　色のスペクトル	64
P.1.1.1　グリッド状に配置した色のスペクトル	64
P.1.1.2　円形に配置した色のスペクトル	66
P.1.2　カラーパレット	68
P.1.2.1　補間で作るカラーパレット	68
P.1.2.2　画像で作るカラーパレット	70
P.1.2.3　ルールで作るカラーパレット	74

P.1.0 HELLO, COLOR

16,777,216色を直接操作することで、色そのものへアプローチするためのオルタナティブな方法を可能にします。この作例では、さまざまな色同士を隣接させることで同時対比*を起こしています。この同時対比がなければ、ここにある色を知覚することはできません。色の知覚は、隣り合っている色や、その色が背景に占める割合によって左右されます。

*訳註……同時対比：色と色が空間的に隣接すると、2色が互いに影響し合って1色で見るときとは異なる見え方をする現象のこと。

→ P_1_0_01

マウスの水平方向の位置で、色の領域（カラーエリア）の大きさをコントロールします。カラーエリアは中央にあり、1ピクセルから720ピクセルまでの大きさで描画されます。マウスの垂直方向の位置で色相をコントロールします。背景は0から360へと色のスペクトルが変化し、カラーエリアは反対に360から0へと変化します。

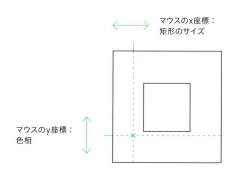

```
1  function setup() {
     createCanvas(720, 720);
     noCursor();

2    colorMode(HSB, 360, 100, 100);
     rectMode(CENTER);
     noStroke();
   }

   function draw() {
3    background(mouseY / 2, 100, 100);

4    fill(360 - mouseY / 2, 100, 100);
5    rect(360, 360, mouseX + 1, mouseX + 1);
   }
```

マウス： x座標：短形のサイズ
         y座標：色相
キー：　 S：画像を保存

1 setup()関数でディスプレイ領域のサイズを設定し、noCursor()でカーソルを非表示にしています。

2 このプログラムでは、色相のスペクトルに沿って色を変化させる必要があります。このため、colorMode()で色の値の解釈方法を変更しています。カラーモデルをHSBに、その後の3つの値でそれぞれの値の範囲を指定しています。色相は0から360の間の値で指定できるようにしています。

3 マウスのy座標を2で割って、色相環上の0から360までの値を取得します。

4 半分にしたマウスのy座標を360から引き、360から0までの値を作っています。

5 カラーエリアのサイズは、マウスのx座標に応じて1ピクセルから720ピクセルまで変化します。

→ P_1_0_01 マウスのx座標で中央の色の領域（カラーエリア）のサイズを定め、y座標で色相を定めています。

P.1.0 HELLO, COLOR

P.1.1.1　グリッド状に配置した色のスペクトル

この色のスペクトルは、色のついた矩形を組み合わせて作っています。それぞれのタイルの横軸には色相を、縦軸には彩度を割り当てています。矩形のサイズを大きくすると色の解像度が粗くなり、スペクトルの中の原色がはっきり見えてきます。

→ P_1_1_1_01

このグリッドは、入れ子にした2つのfor文で作っています。外側のループでは、y座標を1ステップずつ増やしています。さらに内側のループで、幅いっぱいになるまで矩形のx座標を1ステップずつ増やしながら横1行を描いていきます。ステップの移動量はマウスの位置で決まり、変数stepXとstepYに入っています。この移動量で矩形の長さと幅も決まります。

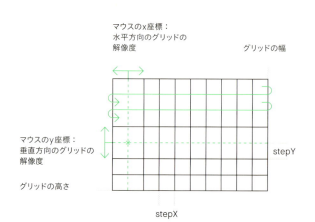

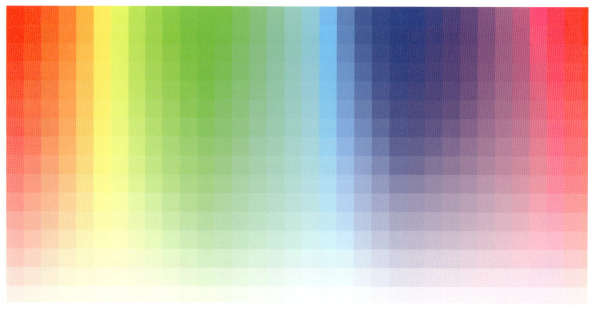

→ P_1_1_1_01　マウスのx座標が色のタイルのサイズを決め、y座標が色相に対する彩度の段階の数を決めます。

```
        var stepX;
        var stepY;

        function setup() {
          createCanvas(800, 400);
          noStroke();
          colorMode(HSB, width, height, 100);
        }


        function draw() {
          stepX = mouseX + 2;
          stepY = mouseY + 2;

          for (var gridY = 0; gridY < height; gridY += stepY) {
            for (var gridX = 0; gridX < width; gridX += stepX) {
              fill(gridX, height - gridY, 100);
              rect(gridX, gridY, stepX, stepY);
            }
          }
        }
```

マウス： x/y座標：グリッドの解像度
キー： S：画像を保存

[1] createCanvas()でディスプレイ領域のサイズを設定します。ここで設定した値は、p5.jsの変数widthとheightを使っていつでも参照できます。

[2] colorMode()関数で、色相と彩度の範囲をそれぞれ800と400に設定します。設定後は色相は一般的な0から360までではなく、0から800までの数値で定義されます。彩度も同様です。

[3] 2を足すことで、stepXとstepYが小さすぎて表示に時間がかかってしまうことを防いでいます。

[4] 入れ子にした2つのループで、グリッド内のすべての位置を移動していきます。矩形のy座標は、外側のループのgridYで定義されています。この値は、内側のループを実行し終わった後に増やしていきます。つまり、横1列分の矩形を描き終えるたびに増やしています。

[5] 変数gridXとgridYは、タイルの位置だけでなく塗り色も決めています。色相はgridXで決まります。彩度はgridYが増加するにつれて減っていきます。

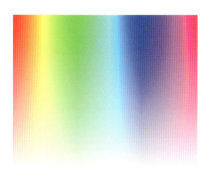

→ P_1_1_1_01 最大解像度にすると、なめらかな虹が見られます。

→ P_1_1_1_01 スクリーンの3原色、赤、緑、青をさまざまなグラデーションで。

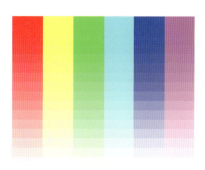

→ P_1_1_1_01 この解像度にすると、原色同士を混ぜた二次色を見ることもできます。

P.1.1.2 円形に配置した色のスペクトル

色を配置するモデル（カラーモデル）は無数にあります。円形に配置した色のスペクトルは、調和やコントラスト、トーンを作るのに便利なモデルです。この作例では、円の分割数や明度、彩度をコントロールできるため、HSBカラーモードにおける色の配置がよくわかります。

→ P_1_1_2_01

色のついた円は、扇形を並べて作っています。扇形の頂点は、対応する角度のコサインとサインから求めます。最初に中心点を、次に外側の頂点を順に指定します。円の一部を描画するには、このような扇形を簡単に作れる方法を使います。

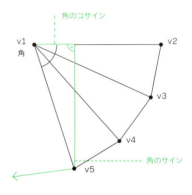

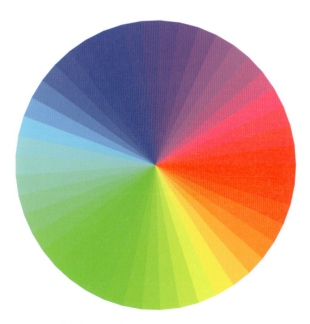

→ P_1_1_2_01 分割数45。2キー。

→ P_1_1_2_01 分割数12。4キー。

→ P_1_1_2_01 分割数6。5キー。

```
1   function draw() {
      colorMode(HSB, 360, width, height);
      background(360, 0, height);

2     var angleStep = 360 / segmentCount;

      beginShape(TRIANGLE_FAN);
3     vertex(width / 2, height / 2);

      for (var angle = 0; angle <= 360; angle += angleStep) {
4       var vx = width / 2 + cos(radians(angle)) * radius;
        var vy = height / 2 + sin(radians(angle)) * radius;
        vertex(vx, vy);
5       fill(angle, mouseX, mouseY);
      }

6     endShape();
    }


    function keyPressed() {
      ...
7     switch (key) {
      case '1':
        segmentCount = 360;
        break;
      case '2':
        segmentCount = 45;
        break;
      case '3':
8       segmentCount = 24;
        break;
      case '4':
        segmentCount = 12;
        break;
      case '5':
        segmentCount = 6;
        break;
      }
    }

マウス： x座標：彩度
         y座標：明度
キー：   1-5：分割数
         S：画像を保存
```

1 彩度と明度の範囲を調整して、マウスの座標から彩度と明度を直接設定できるようにしています。

2 角度の増加量angleStepは、描画される分割数(segmentCount)によって変化します。

3 1つ目の頂点(スケッチのv1)はディスプレイ領域の中心にあります。

4 円周上の頂点(v2からvN)のために、angleを度(0-360)からラジアン(0-2π)に変換します。cos()とsin()関数にはラジアンが必要だからです。変換はradians()で行います。

5 angleの値を色相に、mouseXを彩度に、mouseYを明度にして、次の塗り色を指定します。

6 endShape()で色の領域の構築を完了します。

7 switch文で最後に押されたキーを確認し、キーによって処理を切り替えます。

8 例えば3キーが押されると、segmentCountの値を24に設定します。

P.1.1.2 円形に配置した色のスペクトル

P.1.2.1 補間で作るカラーパレット

どのカラーモデルにおいても、個々の色は明確に定義された位置をもっています。ある色から別の色へのまっすぐな経路は、必ず同じグラデーションになります。ところがこのグラデーションは、カラーモデルによって大きく変化します。この色と色のあいだの補間を使うと、中間にある個々の色を決めることはもちろん、どんなグラデーションからでも色のグループを作ることができます。

→ P_1_2_1_01

色は単独の数値ではなく複数の値で定義されているので、それぞれの値のあいだを補間する必要があります。選択したカラーモデルがRGBかHSBかによって、同じ色でも異なる値で定義されるため、違うグラデーションになります。例えばHSBカラーモデルでは、色相環に沿って色が変化しています。カラーモデルの特徴によってグラデーションが異なりますが、どちらも便利に使うことができます。したがって、個々の課題に適したカラーモデルを選択することが大切です。

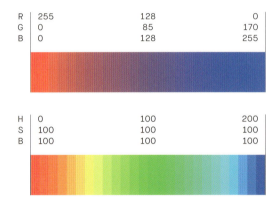

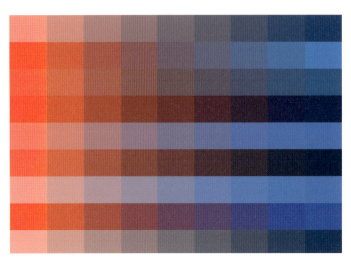

→ P_1_2_1_01 それぞれの行で、2つの色のあいだを9段階に補間しています。ここではRGBカラーモデルを使っています。

```
    function draw() {
[1]   tileCountX = int(map(mouseX, 0, width, 2, 100));
      tileCountY = int(map(mouseY, 0, height, 2, 10));
      var tileWidth = width / tileCountX;
      var tileHeight = height / tileCountY;
      var interCol;
      ...
[2]   for (var gridY = 0; gridY < tileCountY; gridY++) {
[3]     var col1 = colorsLeft[gridY];
        var col2 = colorsRight[gridY];

        for (var gridX = 0; gridX < tileCountX; gridX++) {
          var amount = map(gridX, 0, tileCountX - 1, 0, 1);
          ...
[4]       interCol = lerpColor(col1, col2, amount);
          ...
          fill(interCol);

          var posX = tileWidth * gridX;
          var posY = tileHeight * gridY;
          rect(posX, posY, tileWidth, tileHeight);
          ...
        }
      }
    }
```

マウス： 左クリック：ランダムな色のセットの更新
x座標：解像度
y座標：行の数
キー： 1-2：補間のスタイル
S：画像のセーブ
C：ASEパレットで保存

[1] グラデーションの段階数tileCountXと行の数tileCountYは、マウスの座標で決まります。

[2] 1行ごとにグリッドを描いています。

[3] 左端の色が配列colorsLeftに、右端の色が配列colorsRightに入っています。

[4] 中間の色をlerpColor()で計算します。この関数は2色の値のあいだを補間します。0から1までの値を取る変数amountで、最初と最後の色のあいだの位置を指定します。

[!] カラーパレットのチャプターで解説しているプログラムは、CキーでASE形式のカラーパレットを保存することができます。ASEファイルは、Adobeのアプリケーションで利用できます。

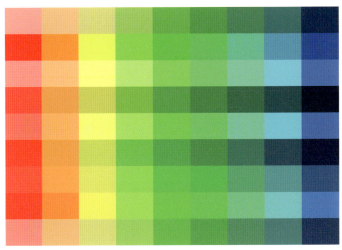

→ P_1_2_1_01 ここではHSBカラーモデルで補間しています。左端と右端は左の図と似たような色ですが、補間された色はまったく異なります。

P.1.2.2　画像で作るカラーパレット

実のところ、私たちはカラーパレットに囲まれています。周囲の色を記録し数値を読み取るだけで、このカラーパレットを作ることができます。下に示す地下鉄駅の写真だけでなくどんな写真からでも、次のプログラムを使って、写真に含まれている色を抽出し並べ替えることができます。できあがった色のコレクションは、創造性をくすぐるカラーパレットとして書き出すことができます。

→ P_1_2_2_01

読み込んだ画像のピクセルを、マウスの位置によって決まるグリッド間隔で、1つずつ、1行ごとに読み取り、それぞれの色の値を決めていきます。色の値は配列に収められ、これらの値を色相、彩度、明度やグレー値といった基準で並び替えることができます。

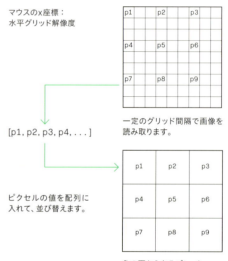

マウスのx座標：水平グリッド解像度

一定のグリッド間隔で画像を読み取ります。

[p1, p2, p3, p4, ...]

ピクセルの値を配列に入れて、並び替えます。

色の面からなるパレット。

→ Photo : Stefan Eigner
オリジナル画像：地下鉄のトンネル。

→ P_1_2_2_01
色相で並び替えたピクセル。

彩度で並び替えたピクセル。

明度で並び替えたピクセル。

```
    var img;
[1] var colors = [];
    var sortMode = null;


function preload(){
[2]   img = loadImage("data/pic1.jpg");
}



function draw() {
[3]   var tileCount = floor(width / max(mouseX, 5));
[4]   var rectSize = width / tileCount;


    img.loadPixels();
[5]   colors = [];

    for (var gridY = 0; gridY < tileCount; gridY++) {
      for (var gridX = 0; gridX < tileCount; gridX++) {
[6]       var px = int(gridX * rectSize);
          var py = int(gridY * rectSize);
          var i = (py * img.width + px) * 4;
          var c = color(img.pixels[i], img.pixels[i+1],
                        img.pixels[i+2], img.pixels[i+3]);
          colors.push(c);
      }
    }

[7]   gd.sortColors(colors, sortMode);

    var i = 0;
    for (var gridY = 0; gridY < tileCount; gridY++) {
      for (var gridX = 0; gridX < tileCount; gridX++) {
[8]       fill(colors[i]);
          rect(gridX*rectSize, gridY*rectSize,
               rectSize, rectSize);
          i++;
      }
    }
}



function keyReleased(){
    if (key == 'c' || key == 'C') writeFile(
[9]           [gd.ase.encode(colors)],
              gd.timestamp(), 'ase');
    ...
[10]  if (key == '5') sortMode = null;
    if (key == '6') sortMode = gd.HUE;
    if (key == '7') sortMode = gd.SATURATION;
    if (key == '8') sortMode = gd.BRIGHTNESS;
    if (key == '9') sortMode = gd.GRAYSCALE;
}

    マウス： x座標：解像度
    キー：   1-4：サンプル画像の切り替え
            5-9：並び替えモードの切り替え
            S：画像を保存
            C：ASEパレットで保存
```

[1] sortMode変数には、現在選択中の並び替えモードが入っています。デフォルトのモードは並び替えなしなので、値にnull（値なし）を設定しています。

[2] プログラムの実行が始まる前に、画像を読み込んでimg変数に格納します。

[3] 指定された画像を読み込んで、imgに代入します。グリッドの行と列の数tileCountは、マウスのx座標で変わります。max()関数は、2つの入力値のうち大きい値を選びます。

[4] 計算したグリッドの解像度を使って、タイルのサイズrectSizeを定義します。

[5] loadPixel()関数を呼び出して初めて、画像内のピクセルにアクセスできるようになります。

[6] 事前に計算したグリッド間隔のrectSizeを使って、1行ずつ画像を読み取っています。ピクセルは配列pixels[]に格納されます。そのためpxとpyをもとに、対応するインデックス番号iを計算する必要があります。

[7] sortColors()関数を使って色を並び替えます。この関数には色が入った配列colorsと並び替えモードsortModeを渡す必要があります。

[8] パレットを描くために、再びグリッドを処理します。タイルの塗り色を、配列colorsから1つずつ取り出します。

[9] ase.encode()関数で、色の配列をAdobe Swatch Exchange（ASE）ファイルとして保存できます。このパレットは、Adobe Illustratorなどで読み込んでカラースウォッチライブラリとして使用できます。

[10] 5キーから9キーで、色の並び替え方をコントロールします。このsortModeに、null（並び替えなし）、またはGenerative Designライブラリが提供している定数HUE、SATURATION、BRIGHTNESS、GRAYSCALEのいずれかを設定します。

→ P_1_2_2_01 グレースケール値で並べ替えた「pic4.jpg」。

→ Photo：Steffen Knöll

→ P_1_2_2_01 色相で並び替えた「pic4.jpg」。

P.1.2.2 画像で作るカラーパレット 73

P.1.2.3　ルールで作るカラーパレット

すべての色は、色相、彩度、明度という3つの成分からできています。この3つの成分の値を、ルールを使って定義することができます。制御されたランダム関数を使うことで、固有の色合いをもつさまざまなパレットをすばやく作ることができます。

→ P_1_2_3_01

明度、彩度、色相の値を、事前に設定した値の範囲からランダムに選びます。値の範囲を定義するルールとランダム関数を組み合わせることで、次々に新たなパレットが作られますが、いずれも一定の色合いを帯びています。

色の知覚は周囲の状況に強く左右されるため、生成した色をインタラクティブなグリッドに並べて描きます。こうすることで、パレットの色合いがよりはっきりします。

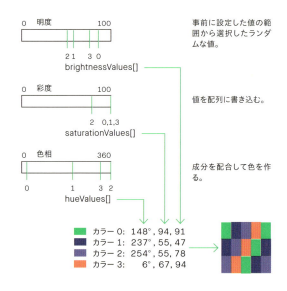

```
1   var hueValues = [];
    var saturationValues = [];
    var brightnessValues = [];

    function draw() {
      ...
2     var index = counter % currentTileCountX;

      fill(hueValues[index],
           saturationValues[index],
           brightnessValues[index]);
      rect(posX, posY, tileWidth, tileHeight);
      counter++;
      ...
    }
```

1　各配列に、色相、彩度、明度を保存します。0から9までのどの数字キーが押されたかによって、異なるルールに従って各配列に値が入れ直されます。

2　グリッドを描くとき、配列から1つずつ色を取り出します。繰り返し1ずつ増やしている変数counterは、剰余演算子%によって同じ値のあいだを繰り返します。例えば、currentTileCountXが3の場合、indexは、0, 1, 2, 0, 1, 2...の値を繰り返します。この場合は、配列中の最初のほうの色だけをグリッドに使用します。

③
```
    if (key == '1') {
      for (var i = 0; i < tileCountX; i++) {
        hueValues[i] = int(random(0, 360));
        saturationValues[i] = int(random(0, 100));
        brightnessValues[i] = int(random(0, 100));
      }
    }
```

④
```
    if (key == '2') {
      for (var i = 0; i < tileCountX; i++) {
        hueValues[i] = int(random(0, 360));
        saturationValues[i] = int(random(0, 100));
        brightnessValues[i] = 100;
      }
    }
```

⑤
```
    if (key == '3') {
      for (var i = 0; i < tileCountX; i++) {
        hueValues[i] = int(random(0, 360));
        saturationValues[i] = 100;
        brightnessValues[i] = int(random(0, 100));
      }
    }
```

⑥
```
    if (key == '7') {
      for (var i = 0; i < tileCountX; i++) {
        hueValues[i] = int(random(0, 180));
        saturationValues[i] = int(random(80, 100));
        brightnessValues[i] = int(random(50, 90));
      }
    }
```

⑦
⑧
```
    if (key == '9') {
      for (var i = 0; i < tileCountX; i++) {
        if (i % 2 == 0) {
          hueValues[i] = int(random(0, 360));
          saturationValues[i] = 100;
          brightnessValues[i] = int(random(0, 100));
        } else {
          hueValues[i] = 195;
          saturationValues[i] = int(random(0, 100));
          brightnessValues[i] = 100;
        }
      }
    }
```

マウス： x/y座標：解像度
キー： 0-9：カラーパレットの切り替え
  S：画像を保存
  C：ASEパレットで保存

③ 1キーを押すと、すべての値の範囲から選ばれたランダムな値が、3つの配列に入ります。つまり、あらゆる色がパレットに生じる可能性があります。

④ ここでは、明度を常に100に設定します。その結果、パレットは明るい色で占められます。

⑤ 彩度を100に固定すると、パステルトーンがなくなります。

⑥ ここでは、すべての色成分に制約をかけています。色相環の初めの半分からのみ色相を取り出しているので、暖色ができあがります。

⑦ 2つのカラーパレットを混ぜ合わせることもできます。i % 2という式で、0と1を交互に作っています。式の結果が0の場合、暗く鮮やかな色を配列に保存します。

⑧ それ以外の場合は2つ目のルールを適用し、色相と明度を固定値にします。これらの値は、明るい青のトーンを作ります。

→ P_1_2_3_01 0キーで、2つのプリセットの色相（青と緑）が交互に現れるカラーパレットを作ります。彩度と明度はランダムに変化します。

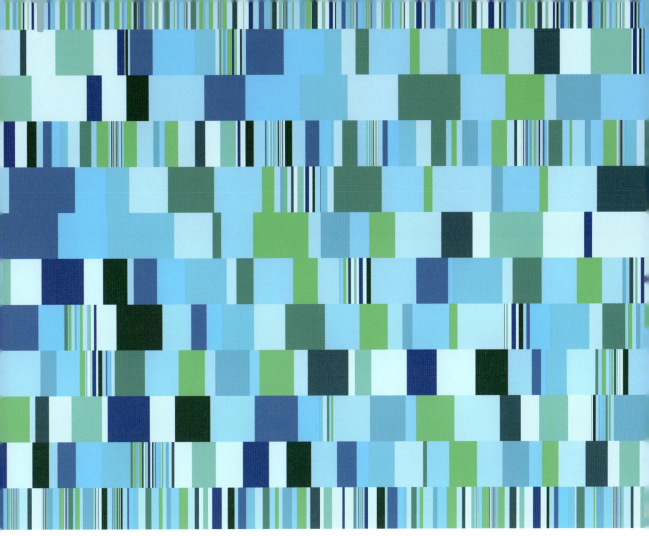

→ P_1_2_3_02 ここでは、ランダムが大きな役割を果たしています。各行がさまざまな幅のタイルに分割されます。このタイルがさらに分割されるかどうかもランダムに決まります。

P.1.2.3 ルールで作るカラーパレット

→ P_1_2_3_03 タイルをグラデーションにして少し透かして重ね合わせると、もとのカラーパレットの色に加えて多くの色が現れます。

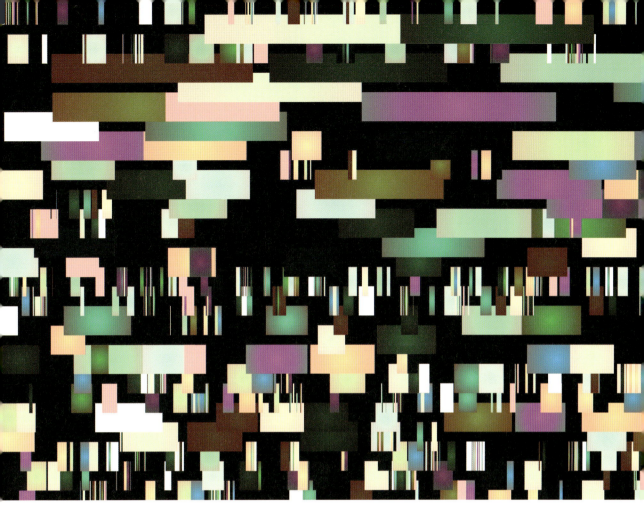

→ P_1_2_3_04 このプログラムでは放射状のグラデーションを加えています。

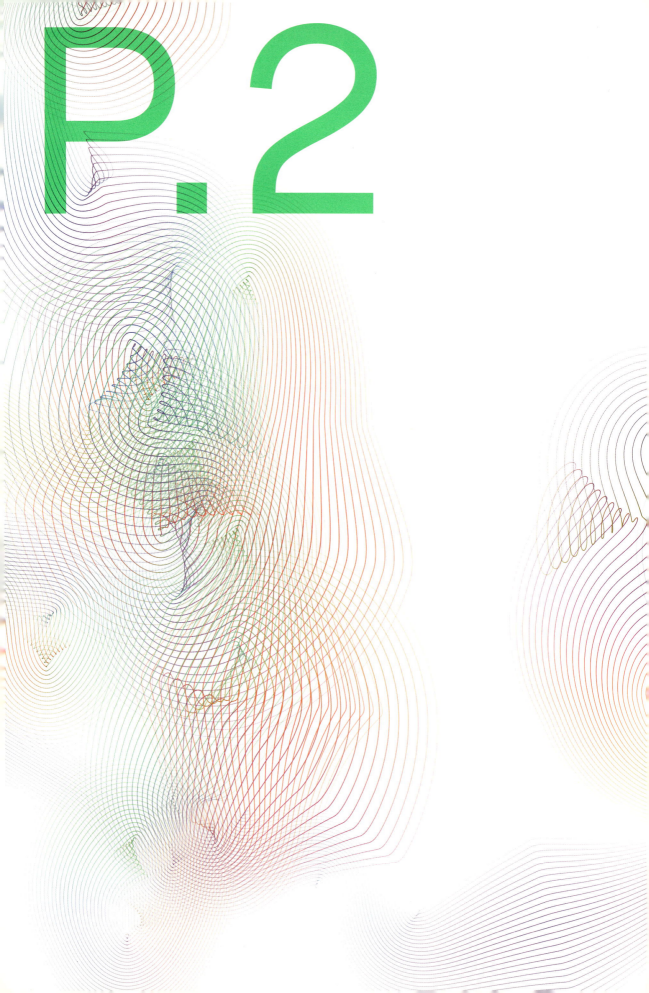

Shape 形

前のチャプターでは主に色を扱い、形は脇役でした。p5.jsはイメージの個々の要素をコントロールできるので、色に限らずさまざまな形にもアクセスし、モジュール化したり自動化したりすることができます。形との対話を始めましょう。

P.2 形			80
P.2.0	HELLO, SHAPE		82
P.2.1	グリッド		84
	P.2.1.1	グリッドと整列	84
	P.2.1.2	グリッドと動き	88
	P.2.1.3	グリッドと複合モジュール	92
	P.2.1.4	グリッドとチェックボックス	96
	P.2.1.5	グリッドからモアレ模様へ	100
P.2.2	エージェント		104
	P.2.2.1	ダムエージェント（単純なエージェント）	104
	P.2.2.2	インテリジェントエージェント	106
	P.2.2.3	エージェントが作る形	110
	P.2.2.4	エージェントが作る成長構造	114
	P.2.2.5	エージェントが作る密集状態	118
	P.2.2.6	振り子運動をするエージェント	122
P.2.3	ドローイング		128
	P.2.3.1	動きのあるブラシでドローイング	128
	P.2.3.2	ドローイングの回転と距離	132
	P.2.3.3	文字でドローイング	134
	P.2.3.4	動的なブラシでドローイング	136
	P.2.3.5	ペンタブレットでドローイング	140
	P.2.3.6	複合モジュールでドローイング	144
	P.2.3.7	複数のブラシでドローイング	148

P.2.0　HELLO, SHAPE

点、線、面は、今なおあらゆる形の根源的な要素でしょうか？　カンディンスキーが探求したこの３つの基本要素が、ジェネラティブデザインの文脈ではより重要な意味をもちます。このアプローチからとらえると、黒い円の起源はピクセルです。線はピクセルからなり、線が集まって面ができているのです。

→ P_2_0_01

カーソルがディスプレイ領域の中央上端にあるとき、この図形は1ピクセルまで小さくなります。

マウスのx座標が直線の長さをコントロールします。y座標が直線の数と太さを決めます。

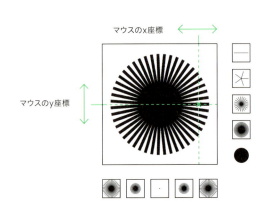

```
function draw() {
  background(255);
  translate(width / 2, height / 2);

  var circleResolution = map(mouseY, 0, height, 2, 80);
  var radius = mouseX - width / 2 + 0.5;
  var angle = TWO_PI / circleResolution;

  strokeWeight(mouseY / 20);

  beginShape();
  for (var i = 0; i <= circleResolution; i++) {
    var x = cos(angle * i) * radius;
    var y = sin(angle * i) * radius;
    line(0, 0, x, y);
    // vertex(x, y);
  }
  endShape(CLOSE);
}
```

マウス：　x座標：直線の長さ
　　　　　y座標：直線の太さと数
キー：　　S：画像を保存

[1] 座標系の原点をディスプレイ領域の中央に移動します。

[2] map()関数が、マウスのy座標を0からheightまでの値から、2から80までの値へと変換します。

[3] マウスのx座標からディスプレイ領域の幅の半分を引いて、マウスを中心に近づけるほど円の半径が小さくなるようにします。x座標に0.5を足して、円の直径を最低でも1にしています。

[4] 角度の増加量angleは、1回転分の角度TWO_PIを分割する直線の数circleResolutionで割って計算します。

[5] この行のコメント文字//を削除すると、直線の端をつないで閉じた図形にすることができます。*

*訳註……コードパッケージと一部異なります。

→ P_2_0_02 および → P_2_0_03 バリエーション02と03では、直線の端を閉じた多角形としてつないで、星状の形を作っています。また、背景を上書きしていないので、マウスをドラッグすると変化の軌跡が残ります。

P.2.0 HELLO, SHAPE

P.2.1.1 グリッドと整列

2つの向きしかない斜線を厳密なグリッド上に並べるとき、どうすれば複雑な構造を作れるでしょうか？ それぞれのグリッドの中で、斜線が2つの向きのうち1つをランダムに選んでいます。線の太さを変化させて生まれる重なりで、新たな形やつながり、隙間が生まれます。

→ P_2_1_1_01

グリッドの中には、左上隅から右下隅に描かれる直線Aか、左下隅から右上隅に描かれる直線Bのどちらか一方があります。斜線の向きはランダムに決まります。

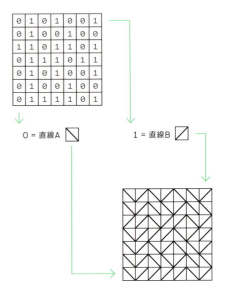

→ P_2_1_1_01 斜線の太さはマウスの位置と連動していて、線端の形状は1キーから3キーで切り替わります。

```
1    var tileCount = 20;


     function draw() {
       ...
       strokeCap(actStrokeCap);
       ...
       for (var gridY = 0; gridY < tileCount; gridY++) {
         for (var gridX = 0; gridX < tileCount; gridX++) {
           var posX = width / tileCount * gridX;
           var posY = height / tileCount * gridY;
2          var toggle = int(random(0, 2));
3          if (toggle == 0) {
4            strokeWeight(mouseX / 20);
             line(posX, posY, posX + width / tileCount,
                 posY + height / tileCount);
           }
5          if (toggle == 1) {
             strokeWeight(mouseY / 20);
             line(posX, posY + width / tileCount,
                 posX + height / tileCount, posY);
           }
       ...


6    function keyReleased() {
       ...
7      if (key == '1') actStrokeCap = ROUND;
8      if (key == '2') actStrokeCap = SQUARE;
9      if (key == '3') actStrokeCap = PROJECT;
     }

     マウス：   x座標：右下がりの斜線の太さ
              y座標：右上がりの斜線の太さ
              左クリック：ランダム値の更新
     キー：    1-3：線端の形状の切り替え
              S：画像を保存
```

1 変数tileCountの値でグリッドの解像度を指定します。

2 random(0,2)関数で、0.000から1.999までのランダムな数値を作ります。この数値をint()を使って整数に変換すると、少数点以下が切り捨てられます。つまり変数toggleに0か1が代入されます。

3 変数toggleの値と0を比較するif文。この式がtrueの場合、次の2行のコードを実行して直線Aを描きます。

4 マウスのx座標の値で、直線Aの太さを定義します。座標値を20で割って、直線が太くなりすぎないようにしています。

5 直線Bも同様です。

6 1キーから3キーのいずれかを押して、変数actStrokeCapをp5.jsの定数であるROUND、SQUARE、PROJECTのいずれかに設定します。この値は、線端の描き方を指定するstrokeCap()関数を使う場面で使われます。

7 strokeCap(ROUND)

8 strokeCap(SQUARE)

9 strokeCap(PROJECT)

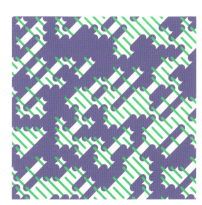
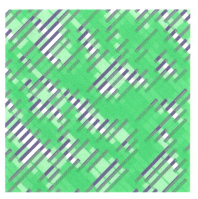
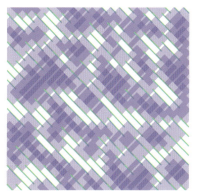

→ P_2_1_1_02 バージョン02では、2つの向きの斜線に色や透明度を設定しています。

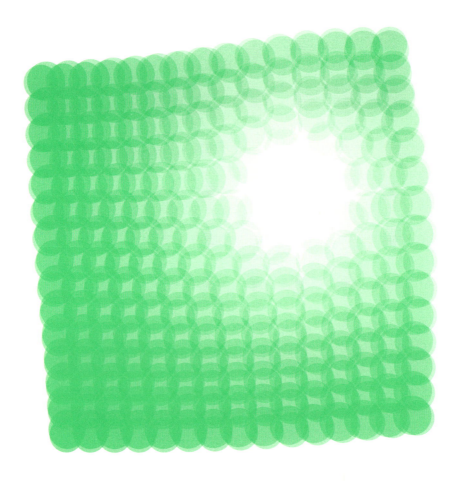

→ P_2_1_1_04 ここではグリッドの要素をデータフォルダから読み込んだSVG画像にしていて、マウスの位置によって回転しています。

→ P_2_1_1_04 Dキーで、マウスに近づくほど要素が小さくなるか大きくなるかのいずれかを選べます。

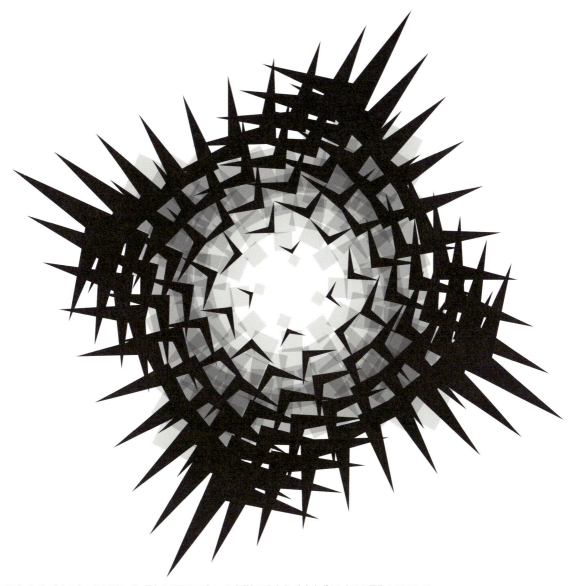

→ P_2_1_1_04 1キーから7キーで、異なるSVGのモジュールを選択できます。中心をずらしたSVG画像のせいで、モジュールがグリッドにきちんと沿って描かれていても、グリッドがなくなったように見えます。

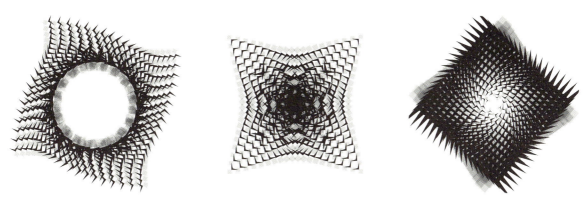

→ P_2_1_1_04 左右の矢印キーで要素を回転させることもできます。

P.2.1.1 グリッドと整列

P.2.1.2　グリッドと動き

秩序が無秩序の縁に触れると、2つの世界の緊張が最高潮に達します。個々の形は自らの厳密な配置を動的なグリッドに入れ、偶然の配置に身を任せます。グリッドに従う要素と、グリッドに抗う要素が、視覚的覇権を賭けて争います。この移行の瞬間こそがポイントです。

→ P_2_1_2_01

ディスプレイ領域に一定の数の円を1つずつ描きます。円のグリッド位置に加えたランダムな値が、円をx軸とy軸方向に動かします。マウスを右へ動かすほど、円の動きが激しくなります。

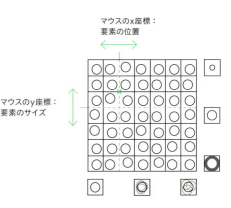

```
function draw() {
  translate(width / tileCount / 2, height / tileCount / 2);
  ...
  strokeWeight(mouseY / 60);

  for (var gridY = 0; gridY < tileCount; gridY++) {
    for (var gridX = 0; gridX < tileCount; gridX++) {

      var posX = width / tileCount * gridX;
      var posY = height / tileCount * gridY;

      var shiftX = random(-mouseX, mouseX) / 20;
      var shiftY = random(-mouseX, mouseX) / 20;

      ellipse(posX + shiftX, posY + shiftY,
              mouseY / 15, mouseY / 15);
    }
  }
}
```

[1] 座標系の原点を、タイルの幅と高さの半分だけ右下方向にずらすことで、円をタイルの中央に置きます。

[2] マウスのx座標mouseXが大きくなるほど、ランダムな数字の値の範囲が広がります。

[3] グリッド座標のposXとposYにshiftXとshiftYを足して、円の位置をずらします。

マウス：　x座標：円の位置
　　　　　y座標：円のサイズ
　　　　　左クリック：円の位置のランダム値の更新
キー：　　S：画像を保存

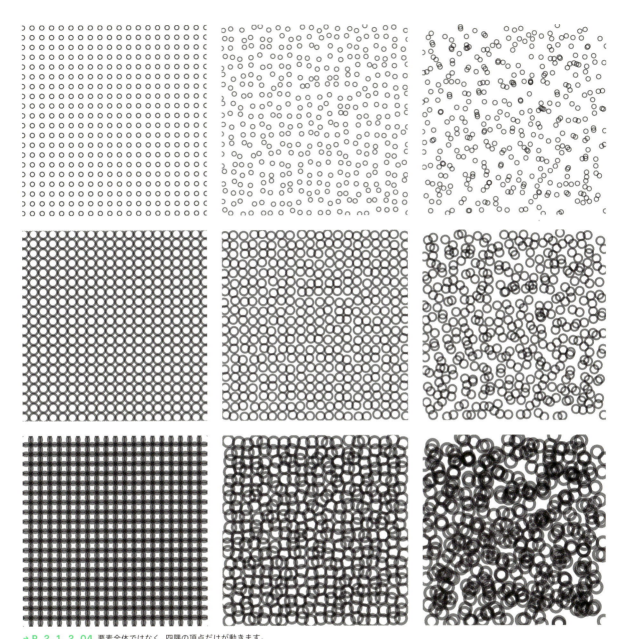

→ P_2_1_2_04 要素全体ではなく、四隅の頂点だけが動きます。

→ P_2_1_2_04 重なりや隙間によって垣間見えたグリッドが、徐々に認識できなくなっていきます。

P.2.1.2 グリッドと動き

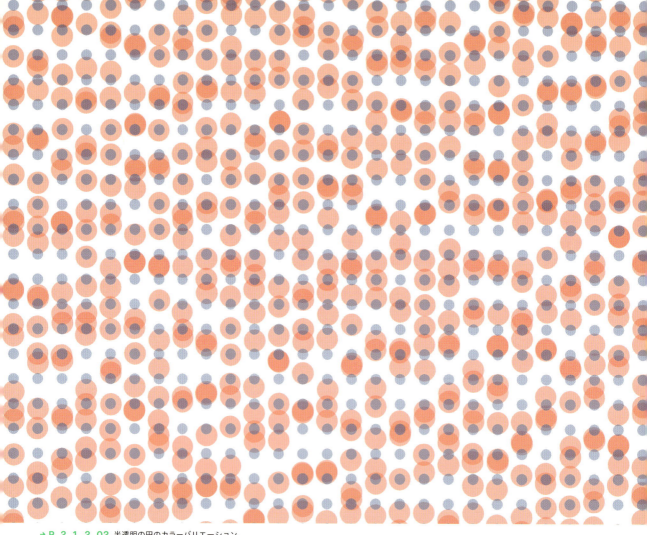

→ P_2_1_2_02 半透明の円のカラーバリエーション。

→ P_2_1_2_02 赤い円だけをずらし、青い円はグリッドに固定しています。

P.2 形

→ P_2_1_2_04 要素全体ではなく、四隅の頂点だけが動きます。

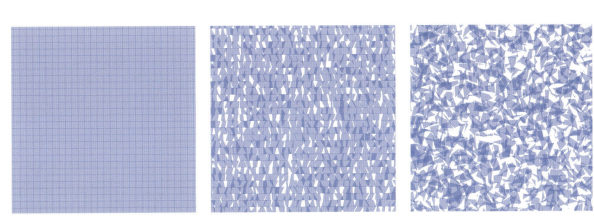

→ P_2_1_2_04 重なりや隙間によって垣間見えたグリッドが、徐々に認識できなくなっていきます。

P.2.1.2 グリッドと動き

P.2.1.3 グリッドと複合モジュール

複数の形を入れ子にして複合モジュールにすると、さらに興味深いものを作れます。この作例では、異なる方向にサイズが大きくなる4種類の円の集合を、グリッド状に配置しています。円の直径や透明度に変化をつけると、奥行き感が生まれます。

→ **P_2_1_3_01**
グリッドを埋めているモジュールは、積み重なった円でできています。この円は、ランダムに決まる上下左右のいずれかの方向に向かって段々小さくなっていきます。円の数はマウスのx座標に、円の動きはマウスのy座標に対応しています。

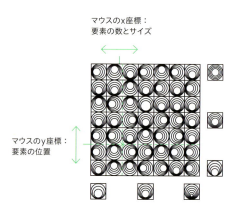

→ **P_2_1_3_01** グリッドのモジュールは複数の円で構成されていて、マウスの座標によって円の数、サイズ、位置が変わります。

```
function draw() {
  ...
  circleCount = mouseX / 30 + 1;
  endSize = map(mouseX, 0, max(width, mouseX),
                tileWidth / 2, 0);
  endOffset = map(mouseY, 0, max(height, mouseY),
                  0, (tileWidth - endSize) / 2);

  for (var gridY = 0; gridY <= tileCountY; gridY++) {
    for (var gridX = 0; gridX <= tileCountX; gridX++) {
      push();
      translate(tileWidth * gridX, tileHeight * gridY);
      scale(1, tileHeight / tileWidth);

      var toggle = int(random(0, 4));
      if (toggle == 0) rotate(-HALF_PI);
      if (toggle == 1) rotate(0);
      if (toggle == 2) rotate(HALF_PI);
      if (toggle == 3) rotate(PI);

      // draw module
      for (var i = 0; i < circleCount; i++) {
        var diameter = map(i, 0, circleCount,
                           tileWidth, endSize);
        var offset = map(i, 0, circleCount, 0, endOffset);
        ellipse(offset, 0, diameter, diameter);
      }
      pop();
    }
  }
}
```

マウス： x座標：円の数とサイズ
　　　　y座標：円の位置
　　　　左クリック：位置のランダム値の更新
キー：　S：画像を保存

[1] マウスの位置で、モジュール内の円の数、最後の円のサイズと移動量を定義しています。

[2] モジュールを描く前に、座標系の原点をこれから描く位置へ一時的に動かしておくと、モジュールの向きを簡単に変えることができます。translate()で原点を動かす前に、push()関数で座標系の現在の状態を保存しておきます。

[3] ランダムな数値toggleで、4つの向きのいずれかに決めます。random(0,4)で0から3.999までの数を生成し、その値は小数点以下を切り捨て、0、1、2、3のいずれかになります。HALF_PIラジアンは、90°の回転を表しています。

[4] このモジュールは、次々に円を描いて作っています。直径diameterの値の範囲は、tileWidthから事前に計算したendSizeまでです。offsetの値は、中心からずらす量です。こうして小さくなっていく円が右へ右へとずれていきます。

[5] 最後に、pop()関数を使って、事前に保存しておいた座標系の状態に復帰します。

→ P_2_1_3_02 直線で作った複合モジュール。直線が密集することで、新しい形が現れます。

→ P_2_1_3_02 直線が集中しているポイントが、マウスの動きとともに斜めにずれていきます。

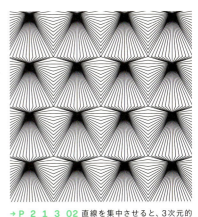

→ P_2_1_3_02 直線を集中させると、3次元的な効果を簡単に作り出せます。

→ P_2_1_3_05 このモジュールは徐々に小さく、暗くなる円で構成されています。

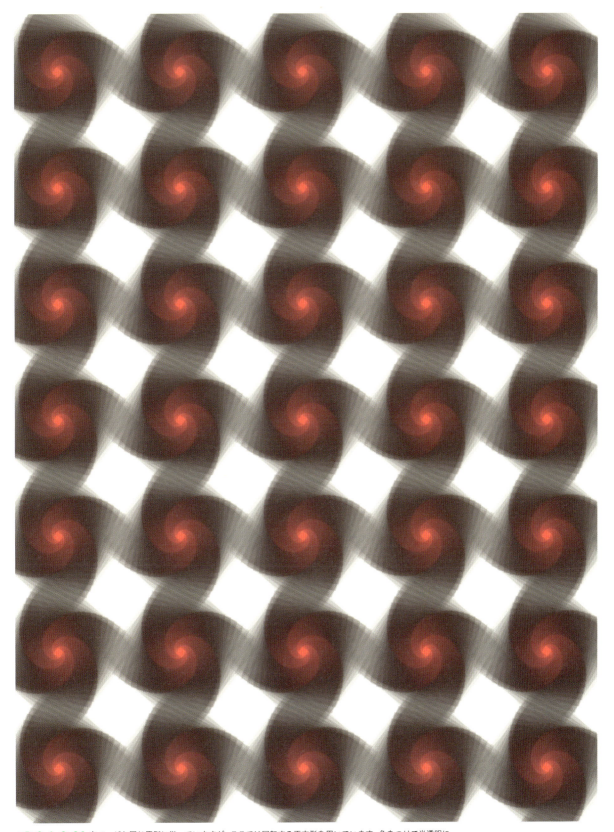

→ P_2_1_3_04 左ページと同じ原則に従っていますが、ここでは回転する正方形を用いています。色をつけて半透明にすることで、正方形であることがほとんどわからなくなっています。

P.2.1.4 グリッドとチェックボックス

「部品」の野望が現実のものになりました。ついにデザイン要素になったのです。ボタン、チェックボックス、スライダーがブラウザ上のグリッド要素として使われます。部品たちは、集団で美しいビジュアライゼーションに貢献することになって、とてもご機嫌です。

→ P_2_1_4_01

出力画像の各ピクセルを解析し、チェックボックスとして表示します。ピクセルの明度によってチェックの有無が決まります。明度が指定されたしきい値を上回っていたら、チェックマークが付きません。マークが付かないチェックボックスは明るく見えます。

→ P_2_1_4_01　チェックボックスの見え方はブラウザによって異なりますが、必要であればスタイルシートで調整することができます。

```html
<html>
  ...
  <body>
    <div id="container"></div>
    ...
  </body>
</html>
```

1

```
function setup() {
  noCanvas();
  ...
  for (var y = 0; y < rows; y++) {
    for (var x = 0; x < cols; x++) {
      var box = createCheckbox();
      box.style('display', 'inline');
      box.parent('container');
      boxes.push(box);
    }
    var linebreak = createSpan('<br/>');
    linebreak.parent('mirror');
  }

  slider = createSlider(0, 255, 0);
}
```

2
3
4
5

```
function draw() {
  for (var y = 0; y < img.height; y++) {
    for (var x = 0; x < img.height; x++) {
      var c = color(img.get(x, y));
      var bright = (red(c) + green(c) + blue(c)) / 3;

      var threshold = slider.value();

      var checkIndex = x + y * cols;

      if (bright > threshold) {
        boxes[checkIndex].checked(false);
      } else {
        boxes[checkIndex].checked(true);
      }
    }
  }
}
```

6
7
8
9

キー：　　　1-3：画像の取り替え
スライダー：グレースケールのしきい値の調整

1 index.htmlファイルの中に`container`というidを持った`<div>`要素が用意されています。あとでこの要素に多くのチェックボックスが追加されます。

2 HTMLファイルの中にこれらの要素を直接配置するため、いつも使っているディスプレイ領域を削除します。

3 `createCheckbox()`関数でチェックボックスを作ります。`style()`関数でスタイルを割り当て、`parent()`関数でHTML要素`container`内に挿入します。

4 各行の最後に改行タグを追加します。

5 このスライダーは、あとでグレースケールのしきい値をコントロールするために使われます。そのため値の範囲は、0から255までにするのが便利です。初期値を0にしています。

6 画像をチェックボックスに変換する時、画像の各ピクセルを明度の値`bright`に変換する必要があります。グレースケール画像の場合、単純に平均値を計算すれば十分です。カラー画像の場合、やや込み入った計算をする必要があります。
→ P.4.3.1 ピクセル値が作るグラフィック

7 `value()`関数でスライダーの現在の設定値を取得します。

8 このピクセルに対応するチェックボックスのインデックス番号が、x、y、列数`cols`から計算されます。

9 このピクセルの明度が指定されたしきい値`threshold`を上回っていたら、チェックマークを外し、そうでなければチェックマークを付けます。

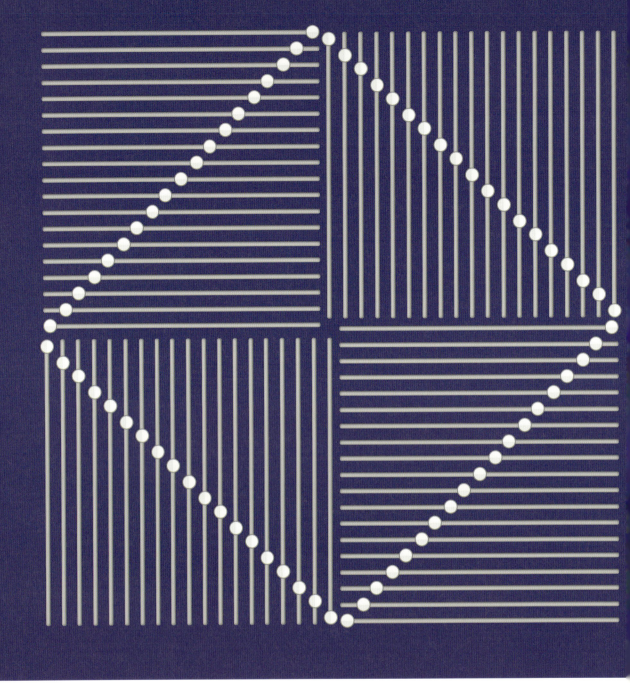

→ P_2_1_4_03 幾何学的に配置したスライダー群。

→ P_2_1_4_04 このスライダーは自動的に動き続けます。

P.2.1.5 グリッドからモアレ模様へ

印刷技術では通常ミスとされているものを、ここではあえて求めています。同一のグリッドを重ねて動かすと、思いがけない視覚的なイリュージョンを体験できます。この効果はインタラクティブに変化させることができます。

→ P_2_1_5_01

モアレ効果とは、2つ以上の細かいグリッド構造を重ねたとき、粗いパターンが発生することです。交点付近では白い背景がよく見えるため、画面全体が交点部分で明るくなることから、この現象が発生します。

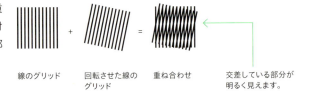

線のグリッド　　回転させた線の　　重ね合わせ　　　交差している部分が
　　　　　　　　グリッド　　　　　　　　　　　　　明るく見えます。

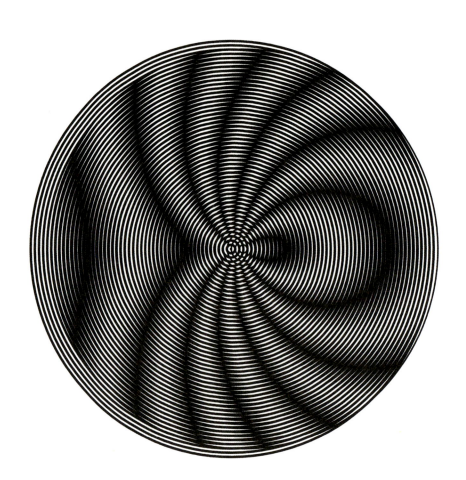

→ P_2_1_5_01 曲線のグリッド要素は、特に興味深い重ね合わせを作り出します。

```
function draw() {
  ...
  strokeWeight(3);
  overlay();

  var x = map(mouseX, 0, width, -50, 50);
  var a = map(mouseX, 0, width, -0.5, 0.5);
  var s = map(mouseY, 0, height, 0.7, 1);

  if (drawMode == 2) translate(x, 0);
  if (drawMode == 1) rotate(a);
  scale(s);

  strokeWeight(2);
  overlay();
}

function overlay() {
  var w = width - 100;
  var h = height - 100;

  if (drawMode == 1) {
    for (var i = -w / 2; i < w / 2; i += 5) {
      line(i, -h / 2, i, h / 2);
    }
  }
  if (drawMode == 2) {
    for (var i = 0; i < w; i += 10) {
      ellipse(0, 0, i);
    }
  }
}
```

マウス： x座標：重ねたレイヤーを回転または移動
　　　　 y座標：重ねたレイヤーを拡大縮小
キー：　 1-2：描画モードの変更
　　　　 S：画像を保存

[1] 下のレイヤーを描きます。このグラフィックはもう一度出力する必要があるため、描画処理をoverlay()関数にまとめています。

[2] マウスの位置から移動量x、回転角度a、拡大縮小率sの値が計算されます。

[3] 描画モードdrawModeによって、座標軸を水平移動するか回転します。拡大縮小はどちらのモードでも実行します。

[4] 重ねるレイヤーを、線の太さを少し変えて描きます。

[5] overlay()関数の中でグラフィックを描いています。

[6] 描画モード1では直線を描きます。

[7] 描画モード2では徐々に大きくなる円を描きます。

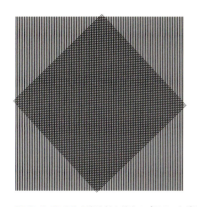

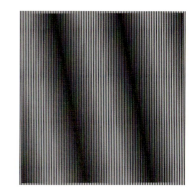

→ P_2_1_5_01 回転や拡大縮小のパラメータが近くなればなるほどモアレ効果は強くなります。

→ P_2_1_5_04 自由に描かれた線。多くの平行線が描かれ、上書きされていきます。

P.2.1.5 スリットからモアレ模様へ

P.2.2.1　ダムエージェント（単純なエージェント）

グリッドにしっかり埋め込まれていたピクセルは、ここからはエージェントになり、いろいろな振る舞いのルールに基づいて自由に動けるようになります。エージェントは、1ステップごとに8つの方向のうちいずれかの方向にランダムに動き、跡を残します。エージェントはいつまでも自らの任務を遂行し続けます。

→ P_2_2_1_01

描画処理を行う度に、次のステップ用に8方向のうち1つをランダムに選びます。現在の位置の座標値に、事前に指定した値（ステップごとの移動量）を足したり引いたりすることでステップを進めます。最後に円を新しい位置に描きます。

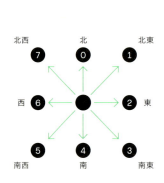

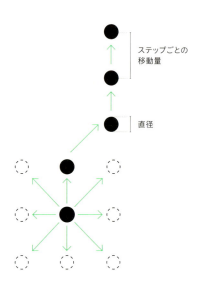

→ P_2_2_1_01 エージェントの道のりが長くなるほど、濃い雲のような構造が現れます。

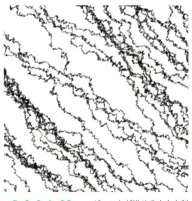

→ P_2_2_1_02 エージェントが進める方向を制限しています。

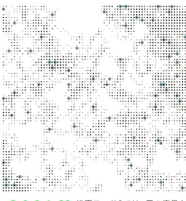

→ P_2_2_1_02 描画モード3では、円の直径を大きくして、時々青い色をつけています。

1
```
var NORTH = 0;
var NORTHEAST = 1;
var EAST = 2;
var SOUTHEAST = 3;
var SOUTH = 4;
var SOUTHWEST = 5;
var WEST = 6;
var NORTHWEST = 7;
...
```
2
```
var stepSize = 1;
var diameter = 1;


function draw() {
  for (var i = 0; i <= mouseX; i++) {
```
3
```
    direction = int(random(0, 8));
```
4
```
    if (direction == NORTH) {
      posY -= stepSize;
```
5
```
    } else if (direction == NORTHEAST) {
      posX += stepSize;
      posY -= stepSize;
```
6
```
    } else if (direction == EAST) {
      posX += stepSize;
    } else if (direction == SOUTHEAST) {
      posX += stepSize;
      posY += stepSize;
    } else if (direction == SOUTH) {
      posY += stepSize;
    } else if (direction == SOUTHWEST) {
      posX -= stepSize;
      posY += stepSize;
    } else if (direction == WEST) {
      posX -= stepSize;
    } else if (direction == NORTHWEST) {
      posX -= stepSize;
      posY -= stepSize;
    }
```
7
```
    if (posX > width) posX = 0;
    if (posX < 0) posX = width;
    if (posY < 0) posY = height;
    if (posY > height) posY = 0;
```
8
```
    ellipse(posX + stepSize / 2, posY + stepSize / 2,
            diameter, diameter);
  }
}
```

マウス： x座標：イメージ生成速度
キー： DEL：ディスプレイ領域を消去
　　　 S：画像を保存

1 別々の数値で8つの定数を定義します。

2 stepSizeとdiameterの 値 を 変 更 することで、ステップごとの移動量とエージェントの直径を指定できます。

3 random(0, 8)関数で、0.000から7.999までのランダムな数値を作ります。この小数点を切り捨て、0から7までの値にします。この値をdirectionに入れて、次のステップの方向を決めます。

4

北

5

❶ 北東

6

❷ 東

7 エージェントの現在の位置がディスプレイ領域の右端を超えると、posXを0に設定します。こうすることで、エージェントが反対の左端に抜けて進み続けます。

8 新しい位置に円を描きます。ステップごとの移動量の半分のstepSize/2を足すことで、ディスプレイ領域の端で円が切り取られないようにしています。

P.2.2.2 インテリジェントエージェント

ここからは、振る舞いのパターンをより複雑にし、細かな条件に従わせます。ここではエージェントが自らの軌跡を横切ると、ただちに方向転換します。ディスプレイ領域の端に辿り着いたら、反対方向に進みます。2つの交点間に引かれる直線は、移動距離に応じて色や太さを変えます。

→ P_2_2_2_01

エージェントは、常に4つの主要な方向（東西南北）のうち、1つの方向に進みます。ただし完全な水平垂直方向にはなれないので、いくつかの角度の中から選ばれます。エージェントがディスプレイ領域の端に辿り着くと、くるりと回って、いくつかの角度の中から1つの角度を選びます。自らの軌跡を横切ると、主要な方向を保ちながらも、新しい角度を選びます。

北の方角に動くエージェントのとり得る方向。

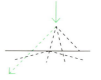

ディスプレイ領域の端に辿り着いたエージェント。

自らの軌跡を横切るエージェント。

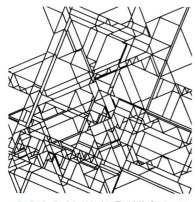

→ P_2_2_2_01 はじめに長い直線ができ、その後エージェントは頻繁に進む向きを変えることになります。

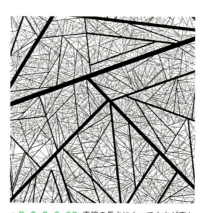

→ P_2_2_2_02 直線の長さによって太さが変わります。

→ P_2_2_2_02 直線の長さによって色が変わります（2キー）。

```
function draw() {
  var speed = int(map(mouseX, 0, width, 0, 20));
  for (var i=0; i<=speed; i++) {

    strokeWeight(1);
    stroke(180, 0, 0);
    point(posX, posY);

    posX += cos(radians(angle)) * stepSize;
    posY += sin(radians(angle)) * stepSize;

    reachedBorder = false;

    if (posY <= 5) {
      direction = SOUTH;
      reachedBorder = true;
    } else if (posX >= width - 5) {
      direction = WEST;
      reachedBorder = true;
    }
    ...

    loadPixels();
    var currentPixel = get(floor(posX), floor(posY));
    if ((currentPixel[0]!=255 && currentPixel[1]!=255 &&
         currentPixel[2]!=255) || reachedBorder) {

      angle = getRandomAngle(direction);

      var distance = dist(posX, posY,
                          posXcross, posYcross);
      if (distance >= minLength) {
        strokeWeight(3);
        stroke(0, 0, 0);
        line(posX, posY, posXcross, posYcross);
      }

      posXcross = posX;
      posYcross = posY;
    }
  }
}


function getRandomAngle(currentDirection) {
  var a = (floor(random(-angleCount, angleCount)) +
           0.5) * 90 / angleCount;
  if (currentDirection == NORTH) return a - 90;
  if (currentDirection == EAST)  return a;
  if (currentDirection == SOUTH) return a + 90;
  if (currentDirection == WEST)  return a + 180;
  return 0;
}

マウス： x座標：イメージ生成速度
キー：   DEL：ディスプレイ領域を消去
         S：画像を保存
```

[1] エージェントの現在の座標(posX, posY)に点を描きます。

[2] エージェントが1歩進みます。そのためエージェントの位置を更新します。angleは方向を、stepSizeはステップごとの移動量を定義しています。

[3] エージェントがディスプレイ領域の端に辿り着いたかどうかをチェックします。上端から5ピクセル以内に近づいていたら、主要な方向をSOUTH(南)に変えて、reachedBorder変数をtrueに設定します。

[4] get()関数で、ステップごとにエージェントが現在白色以外のピクセルにいるかどうかをチェックします。これに当てはまっているか変数reachedBorderがtrueの場合、次のステップのためにgetRandomAngle()関数で主要な方向から新たなランダムな角度を選びます。

[5] 向きを変えるときは、最後に方向転換した位置(posXcross, posYcross)がminLengthで定義した距離よりも離れているときだけ直線を描きます。

[6] 最後に、現在の位置を変数posXcrossとposYcrossに保存します。

[7] getRandomAngle()関数は、渡された主要な方向currentDirectionで決まるいくつかの角度の中から、1つをランダムに選んで返します。例えば、angleCountが3(90°につき3方向)でcurrentDirectionがSOUTHの場合、次の角度の中から1つを返します。

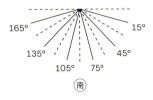

→ P_2_2_2_02 長い直線ほど不透明になり、短い直線ほど透明になります。

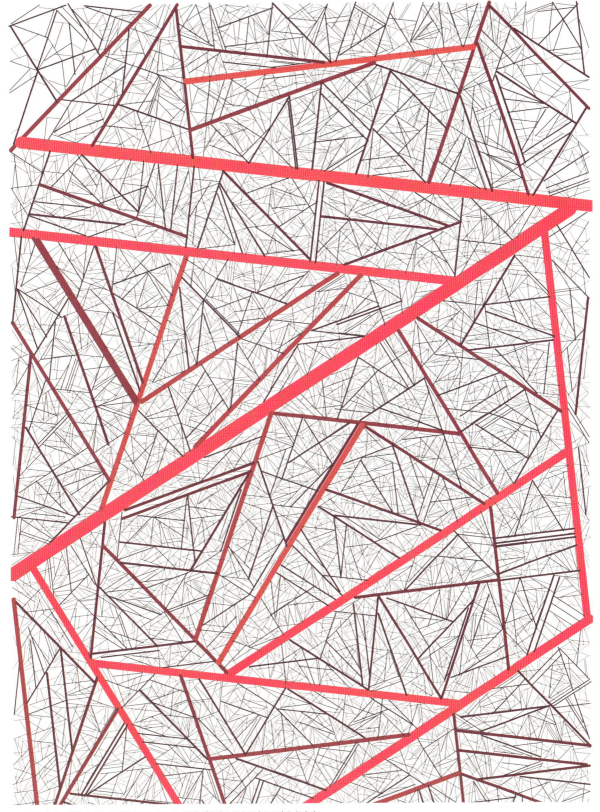

→ P_2_2_2_02 色相と彩度は固定していて、明度が直線の長さに応じて変わります。

P.2.2.2 インテリジェントエージェント

109

P.2.2.3　エージェントが作る形

ダムエージェント（単純なエージェント）は、協力し合ってはじめて力を発揮します。ここでの作例は、円からスタートします。円周上の点をそれぞれダムエージェントに置き換えます。ダムエージェントの動きで円の形が徐々に変わっていきます。この方法によって驚くほど多様な形が生まれます。

→ P_2_2_3_01

円周上の点を計算して、エージェントのスタート位置を作ります。それぞれのエージェントは両隣のエージェントとやわらかい曲線でつながっています。ダムエージェントがスタート位置から離れていくほど、円の形状が崩れていきます。

スタート　　　20回の反復の後　　　150回の反復の後

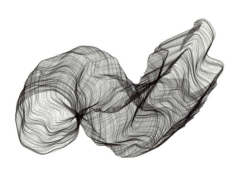

→ P_2_2_3_01　変形し続ける形は常にマウスに向かって動いているので、マウスでその動きをコントロールすることができます。

→ P_2_2_3_01　2キーで塗りのモードを設定すると、ランダムに変化するグレーで塗られます。

```
function setup() {
  ...
  centerX = width / 2;
  centerY = height / 2;
  var angle = radians(360 / formResolution);
  for (var i = 0; i < formResolution; i++) {
    x.push(cos(angle * i) * initRadius);
    y.push(sin(angle * i) * initRadius);
  }
  ...
}

function draw() {
  centerX += (mouseX - centerX) * 0.01;
  centerY += (mouseY - centerY) * 0.01;

  for (var i = 0; i < formResolution; i++) {
    x[i] += random(-stepSize, stepSize);
    y[i] += random(-stepSize, stepSize);
    // ellipse(x[i] + centerX, y[i] + centerY, 5, 5);
  }
  ...
  beginShape();
  curveVertex(x[formResolution - 1] + centerX,
              y[formResolution - 1] + centerY);

  for (var i = 0; i < formResolution; i++) {
    curveVertex(x[i] + centerX, y[i] + centerY);
  }
  curveVertex(x[0] + centerX, y[0] + centerY);

  curveVertex(x[1] + centerX, y[1] + centerY);
  endShape();
}

マウス： 左クリック：新しい円
         x/y座標：動きの方向
キー：   1-2：塗りのモード
         S：画像を保存
```

[1] 座標（centerX, centerY）の周囲に、あとでエージェントを描きます。はじめに、この座標をディスプレイ領域の中心に設定します。

[2] エージェントのスタート位置を、円周上のポイントとして計算し、配列の関数push()を使って2つの配列xとyに保存します。
→ P.1.1.2 円形に配置した色のスペクトル

[3] この座標（centerX, centerY）はマウスを追いかけます。そのために、1フレームごとにマウスの座標との差を計算し、この差に小さな値を掛けたものを、座標値に加えます。

[4] エージェントの現在位置に-stepSizeからstepSizeまでのランダムな値を加えて、ゆらゆらとした動きを作ります。

[5] 必要に応じてellipseを追加して、エージェントの位置を視覚化することもできます。

[6] 形を描くときにcurveVertex()で指定した最初と最後の点は制御点のため、表示されないことに注意してください。2つの制御点があるおかげで、折れ曲がることのない滑らかな円を作ることができます。

最初の頂点＝配列内の最後の点

2番目と最後から2番目の頂点

3番目と最後の頂点＝配列内の2番目の点

[7] curveVertexをvertexに置き換えてみると、直線的な図形を作ることができます。塗りの色fillを指定する実験をしてみても、興味深いバリエーションを生み出すことができます。

→ P_2_2_3_02 プログラムの2つ目のバージョンでは描画モードを選ぶことができます。最初は直線を生成しますが、その後、徐々に線が変形していきます。

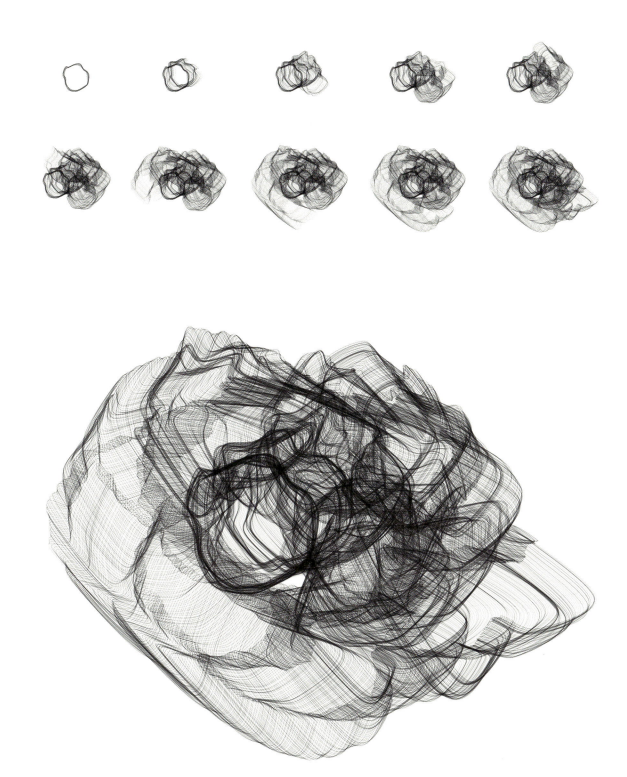

→ P_2_2_3_02 変形していく形状を描画しています。クリックしても円の形はほとんど変わりません。
マウスを動かすと、形がマウスカーソルの位置を追ってどんどん変形していきます。

P.2.2.4 エージェントが作る成長構造

簡単なルールに従う多数のエージェントが集合することで、安定した構造ができあがります。ここでは「新しい円を、一番近くにある円にできるだけ近づけて描く」といったシンプルな増殖のルールから、複雑な形が生成されます。このようなアルゴリズムは、鉱物や植物の成長過程を説明するモデルにも使われています。

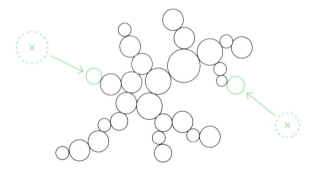

→ P_2_2_4_01
フレームごとに、ランダムな位置とランダムな半径の新しい円（破線の円）を作ります。次に、新しい円に一番近い円を探します。最後に、新しい円を一番近い円に最短の経路でくっつけます。

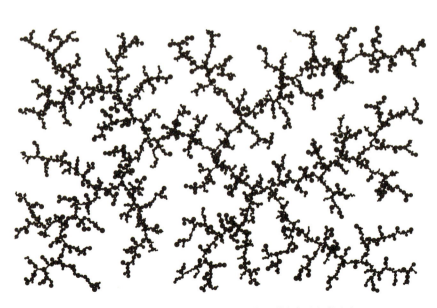

→ P_2_2_4_01 円が徐々にエリアを埋めつくしていき、有機的な外観の構造ができあがります。

```
function draw() {
  background(255);

  var newR = random(1, 7);
  var newX = random(newR, width - newR);
  var newY = random(newR, height - newR);

  var closestDist = Number.MAX_VALUE;
  var closestIndex = 0;
  for (var i = 0; i < currentCount; i++) {
    var newDist = dist(newX, newY, x[i], y[i]);
    if (newDist < closestDist) {
      closestDist = newDist;
      closestIndex = i;
    }
  }

  // fill(230);
  // ellipse(newX, newY, newR * 2, newR * 2);
  // line(newX, newY, x[closestIndex], y[closestIndex]);

  var angle = atan2(newY - y[closestIndex],
                    newX - x[closestIndex]);

  x[currentCount] = x[closestIndex] + cos(angle) *
                    (r[closestIndex] + newR);
  y[currentCount] = y[closestIndex] + sin(angle) *
                    (r[closestIndex] + newR);
  r[currentCount] = newR;
  currentCount++;

  for (var i = 0; i < currentCount; i++) {
    fill(50);
    ellipse(x[i], y[i], r[i] * 2, r[i] * 2);
  }

  if (currentCount >= maxCount) noLoop();
}
```

キー：　S：画像を保存

[1] 新しい円の半径newRと座標（newX, newY）をランダムに定義します。

[2] for文で一番近い円を探します。新しい円との距離をすべての円に対して1つずつ計算します。この距離がこれまでのどの距離よりも短い場合、その円を参照するインデックス番号を変数closestIndexに保存しておきます。

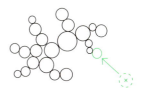

[3] この3行のコードで、新しい円のスタート位置と一番近い円をつなぐ直線を描くと、ここで行っているプロセスを視覚化することができます。

[4] 一番近い円との角度angleを計算することで、2つの円が接するように新しい円を置くことができます。
→ P.1.1.2 円に配置した色のスペクトル

[5] 円を描きます。

[6] currentCount（現在の円の数）が定義した上限に達すると、noLoop()関数でプログラムを止めます。

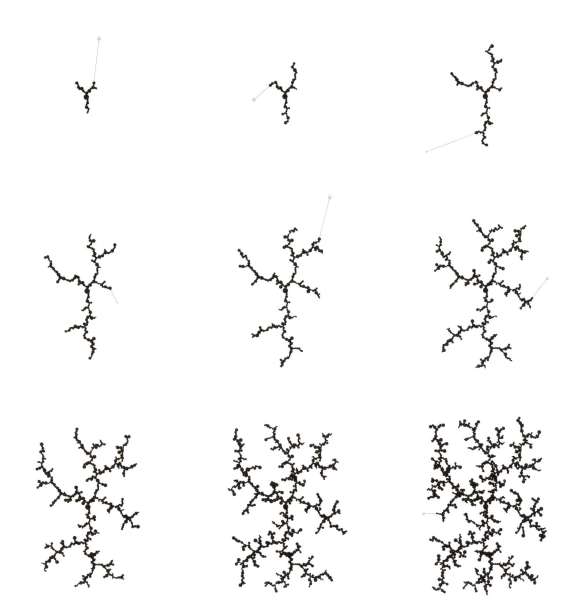

→ P_2_2_4_01 構造がゆっくりと成長し続けていく様子を示しています。

→ P_2_2_4_02 最初の円が特に大きい場合、構造は外側から内部へと成長していきます。ここでは、それぞれの円のスタート位置と新しい位置をつなぐ線も描いています（1キー）。

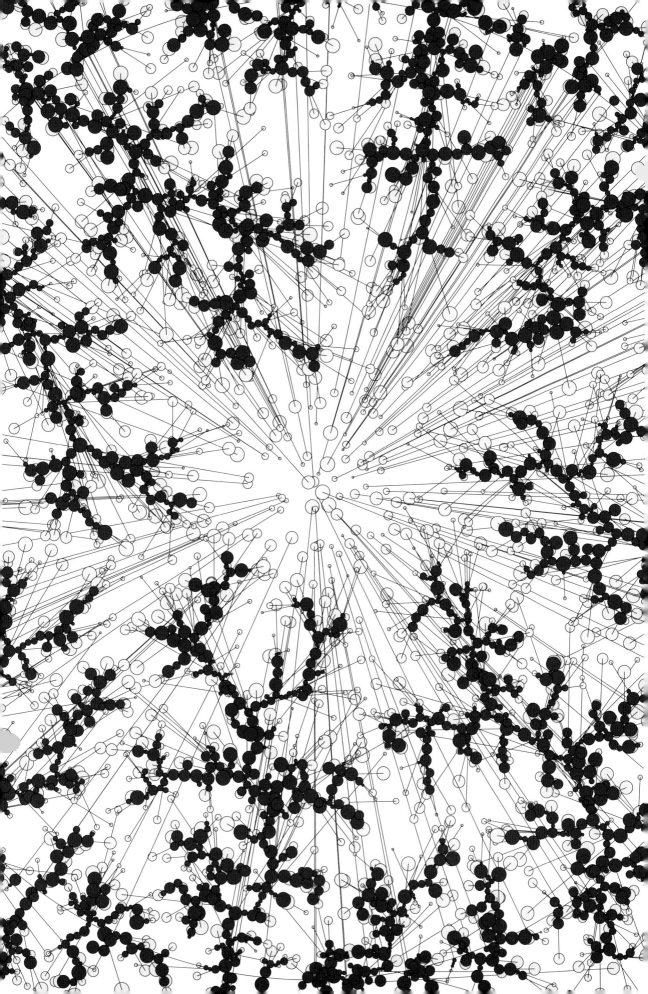

P.2.2.5　エージェントが作る密集状態

この作例でも、反復プロセスが形状を作ります。次のコマンドをコンピュータが実行します。「新しい円を作ります」「新しい円がディスプレイ領域のほかの円と重なっていなければ、できるだけ大きくします」「重なっていたら、はじめからやり直します」。このアルゴリズムの目的は、最終的にどんな小さな隙間も埋まるように、円をぎっしり敷き詰めることです。

→ P_2_2_5_01

ここでも、フレームごとにランダムな位置とサイズで新しい円（破線の円）を作ります。すでにある円と重なっていたら、このアルゴリズムをやり直します。

描画できる位置であれば、できるだけ大きい半径から始めます。この新しい円の半径を、ほかの円に重ならなくなるまで小さくします。

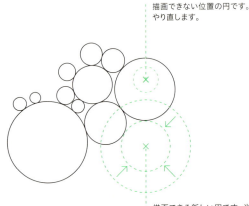

描画できない位置の円です。やり直します。

描画できる新しい円です。半径をほかの円に重ならなくなるまで小さくします。

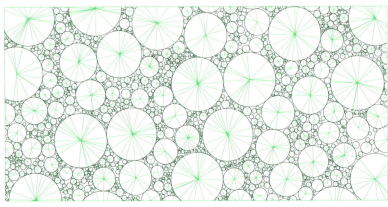

→ P_2_2_5_01　このアルゴリズムでは、小さくなっていく円によって領域が埋められていきます。緑色の線で、新しい円がどの円と接しているかを示しています。

```
function draw() {
  background(255);

  var newX = random(maxRadius, width - maxRadius);
  var newY = random(maxRadius, height - maxRadius);
  if (mouseIsPressed && mouseButton == LEFT) {
    newX = random(mouseX - mouseRect, mouseX + mouseRect);
    newY = random(mouseY - mouseRect, mouseY + mouseRect);
  }

  var intersection = false;
  for (var newR = maxRadius; newR >= minRadius; newR--) {
    for (var i = 0; i < circles.length; i++) {
      var d = dist(newX, newY, circles[i].x, circles[i].y);
      intersection = d < circles[i].r + newR;
      if (intersection) {
        break;
      }
    }
    if (!intersection) {
      circles.push(new Circle(newX, newY, newR));
      break;
    }
  }

  for (var i = 0; i < circles.length; i++) {
    if (showLine) {
      var closestCircle;
      for (var j = 0; j < circles.length; j++) {
        var d = dist(circles[i].x, circles[i].y,
                     circles[j].x, circles[j].y);
        if (d <= circles[i].r + circles[j].r + 1) {
          closestCircle = circles[j];
          break;
        }
      }
      if (closestCircle) {
        stroke(100, 230, 100);
        strokeWeight(0.75);
        line(circles[i].x, circles[i].y,
             closestCircle.x, closestCircle.y);
      }
    }
    if (showCircle) circles[i].draw();
  }

  ...
}
```

マウス：ドラッグ：円を生成する対象範囲
キー： 1：円の表示 on/off
 2：線の表示 on/off
 ↓/↑：描画対象範囲の変更
 S：画像を保存

1 新しい円のランダムな位置を作ります。

2 マウスボタンを押しているあいだ、ランダムな値の範囲が制限されます。これで新しい円の位置を制御できるので、インタラクティブなドローイングツールになります。

3 新しい円の半径をここで決めます。そのために変数newRを最大の半径maxRadiusに設定し、小さくしていきます。

4 今あるすべての円と新しい円を比較します。ほかの円と重なっていたら（距離が双方の円の半径の合計より小さかったら）、変数intersectionをtrueに設定します。

5 ほかの円と重なっていなかったら、Circleクラスの新しいインスタンスを作り、保存します。

6 showLineオプションが選択されていたら、それぞれの円とほかのすべての円を比較して、接している円closestCircleを探します。

7 showCircleがtrueの場合、円も描画します。

→ **P_2_2_5_02** SVGモジュールを読み込むと、まったく違うイメージを作れます。1キーから3キーで、円、接続線、SVGの表示が切り替わります。

P.2.2.6　振り子運動をするエージェント

このエージェントは互いにつながって移り変わっていきます。エージェントの振り子運動はほかのエージェントと結びついていて、スピログラフ*を思い出させるような複雑な軌跡を残します。時間が経つとエージェントたちの極秘任務が明らかになっていきます。

*訳註……幾何学模様を描く歯車のついた定規

→ P_2_2_6_01

エージェントの振り子運動は連結されています。それぞれのエージェントの位置を割り出すために、中心から辿っていきます。回転角度と振り子の長さから1つ目のエージェントの位置を決めます。この位置が次の振り子の回転の中心にもなります。連結の外側にいくほど、振り子運動が短くなり回転が速くなります。エージェントは1つおきに反対方向に回転します。

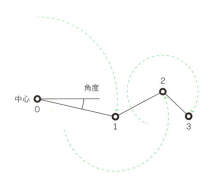

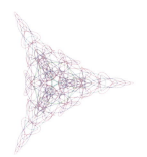
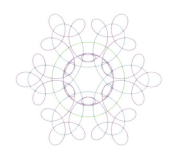
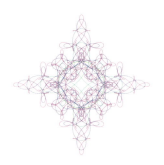

→ P_2_2_6_01　回転速度の比率を変えることで、3つや6つ、4つの対称軸をもった形が現れます。

```javascript
function draw() {
  background(0, 0, 100);

  angle += speed;

  if (angle <= maxAngle + speed) {
    var pos = center.copy();

    for (var i = 0; i < joints; i++) {
      var a = angle * pow(speedRelation, i);
      if (i % 2 == 1) a = -a;
      var nextPos = p5.Vector.fromAngle(radians(a));
      nextPos.setMag((joints - i) / joints * lineLength);
      nextPos.add(pos);

      if (showPendulum) {
        noStroke();
        fill(0, 10);
        ellipse(pos.x, pos.y, 4, 4);
        noFill();
        stroke(0, 10);
        line(pos.x, pos.y, nextPos.x, nextPos.y);
      }

      pendulumPath[i].push(nextPos);
      pos = nextPos;
    }
  }

  if (showPendulumPath) {
    strokeWeight(1.6);
    for (var i = 0; i < pendulumPath.length; i++) {
      var path = pendulumPath[i];

      beginShape();
      var hue = map(i, 0, joints, 120, 360);
      stroke(hue, 80, 60, 50);
      for (var j = 0; j < path.length; j++) {
        vertex(path[j].x, path[j].y);
      }
      endShape();
    }
  }
}
```

```
キー：  1：振り子表示 on/off
        2：パス表示 on/off
        DEL：ディスプレイ領域を消去
        -/+：速度の比率 -/+
        ↓/↑：線の長さ -/+
        ←/→：回転速度 -/+
        S：画像を保存
```

1 変数angleは1つ目の振り子の角度を保持しています。フレームごとに、この値を少しずつ大きくします。

2 変数centerをposにコピーします。この変数はp5.Vector型の値を保持します。この型を使うと、1つの変数に点のx座標とy座標を一度に保存できます。また、このクラスには実用的な計算を行う関数も用意されています。

3 振り子の角度aを、基本の角度angleに係数を掛けて計算します。この係数は振り子が中心から離れるほど大きくなります。例えば変数speedRelationが2のとき、3つ目の振り子の係数は8（2の3乗）になります。また、回転方向は1つおきに反転しています。

4 振り子の位置を求めるために、fromAngle()関数を使って、さきほど計算した角度aの単位ベクトル（長さ1のベクトル）を生成します。setMag()関数でこのベクトルを伸ばし、現在の位置posを足します。

5 振り子が表示される場合、円と線を描画します。

6 新たに算出した位置nextPosを振り子のパスの配列に追加します。この値が次のループの開始位置posになります。

7 振り子の接続線には別々の色をつけます。振り子のインデックス番号iによって、120°（緑）から360°（赤）までの色相から色が決まります。

P.2.2.6 振り子運動をするエージェント

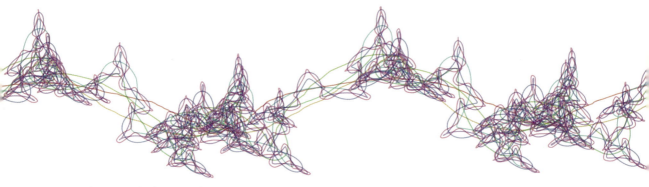

→ P_2_2_6_02 このプログラムの別のバリエーションでは、振り子がマウスで描いたパスに沿って移動します。

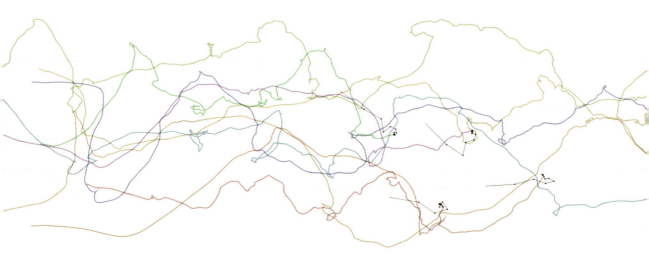

→ P_2_2_6_03 このような軌跡は、振り子が完全に周回せず、振り子の名前の通り行ったり来たりする場合に現れます。

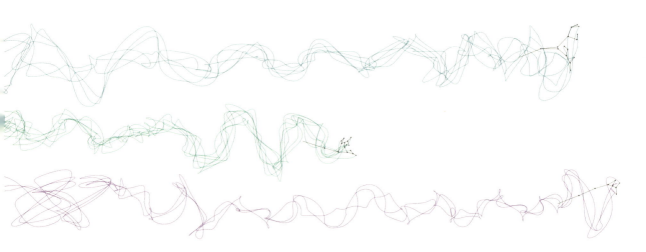

→ P_2_2_6_04 振り子が枝分かれして連結されていたら（木構造を形成していた場合）、多様な軌跡が残ります。

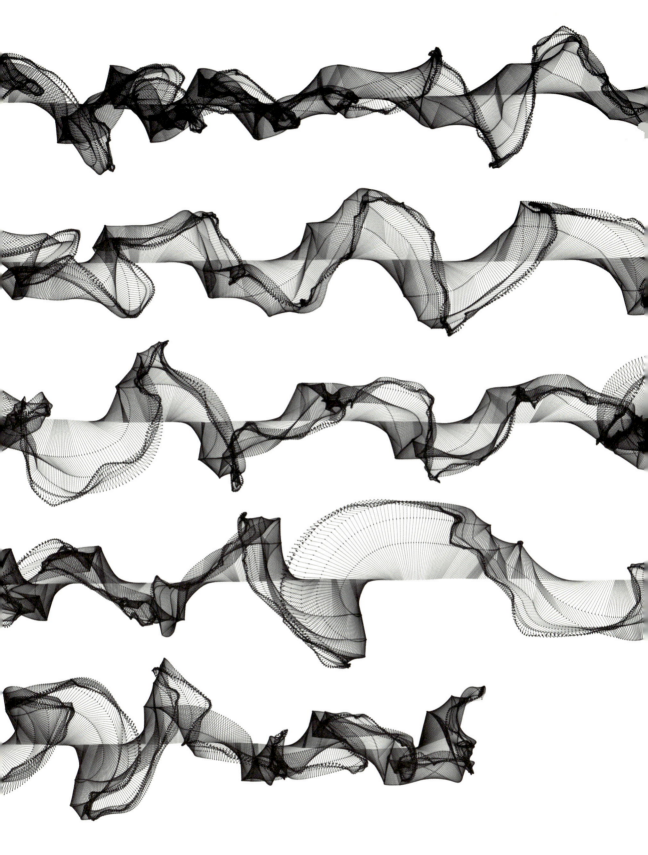

→ P_2_2_6_03 この描画モードでは背景が消去されません。振り子運動の様子が可視化されます。

P.2.2.6 振り子運動をするエージェント

→ P_2_2_6_04 木構造の末端の点を半透明の多角形でつないでいきます。

P.2.2.6　振り子運動をするエージェント

P.2.3.1 動きのあるブラシでドローイング

前のチャプターでは、エージェントは事前に決められたルールに従い、自律的に動いていました。この作例では、ユーザーがエージェントと協調することで、独自のルールに沿った実験的なドローイングツールを作り上げています。動きのあるブラシのユニークさは、ドローイング中に自らの振る舞いによって新たな創造性を生み出す能力を備えていることです。このプロセスが表現の幅を大きく広げ、描く行為がパートナーとの社交ダンスのようになります。

→ P_2_3_1_01

最初のドローイングツールは、シンプルな原理にどのくらい視覚的な可能性を詰め込めるかをよく示しています。1本の直線がマウスの周りを回転します。マウスの動きのスピードや方向によって、直線がさまざまに重なり合っていきます。マウスボタンを押しているあいだ、直線が回転します。回転のスピードは左右の矢印キーで設定できます。

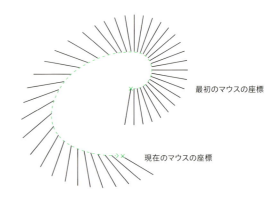

最初のマウスの座標

現在のマウスの座標

→ P_2_3_1_01 マウスを画面中央の水平線の上で左右に動かしています。こうすると、動きのあるブラシがいろいろなレベルの密度を生み出します。

```
function draw() {
  if (mouseIsPressed && mouseButton == LEFT) {
    push();
    translate(mouseX, mouseY);
    rotate(radians(angle));
    stroke(c);
    line(0, 0, lineLength, 0);
    pop();

    angle += angleSpeed;
  }
}

function mousePressed() {
  lineLength = random(70, 200);
}
```

マウス： ドラッグ：ドローイング
キー： 　1-4：色設定の切り替え
　　　　　スペース：ランダム色の更新
　　　　　DEL：ディスプレイ領域を消去
　　　　　D：回転方向と角度の反転
　　　　　↓/↑：直線の長さ -/+
　　　　　←/→：回転速度 -/+
　　　　　S：画像を保存

1　左マウスボタンを押している間だけドローイングします。

2　直線がマウスの座標のまわりを回転するようにします。そのため、まずtranslate()関数で座標系の原点をマウスの座標に移動する必要があります。次に、移動した座標系をrotate()関数で回転します。

3　水平線を描くと、回転するブラシになります。

4　回転角度を回転速度の値ぶん増やします。

5　クリックすると、直線の長さが変わります。

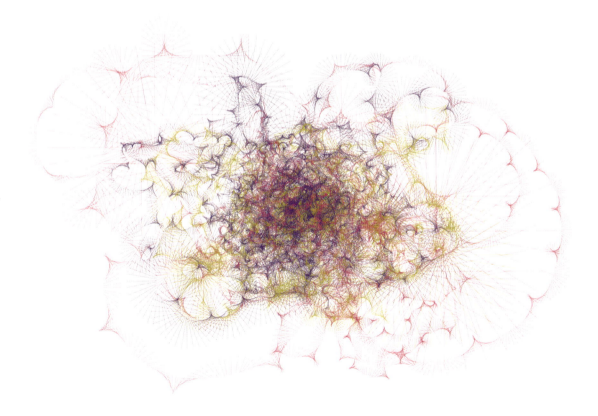

→ P_2_3_1_02　ここではマウスの動きと色だけでなく、直線の回転角度も変えています。

→ **P_2_3_1_02** マウスボタンを押していると、ランダムな色の直線がマウスの周りを回転します。マウスを動かさなくても、線の長さ、色、線の形状、回転速度といったたくさんのパラメータをキーで変えられるので、さまざまなイメージを生成できます。

P.2.3.1 動きのあるブラシでドローイング

P.2.3.2 ドローイングの回転と距離

要素同士の関係性がイメージ全体を決定づけるため、距離や角度といったパラメータを個別にコントロールできることが重要になります。このプログラムでは、その基礎知識を解説します。

→ **P_2_3_2_01**

前の作例では、マウスボタンを押しているあいだ、フレームごとに新しい要素を描いていました。今回はこの機能を次のように制限します。前回描いた要素から一定の最小距離以上離れたときに限って、新しい要素を追加します。これを行うには次の方法があります。

その1：新しい要素をマウスの座標に直接配置せず、最後の要素から指定された最小距離を空けて配置します。

その2：新しい要素をマウスの座標に配置します。この場合、最小距離はしきい値としてのみ用います。

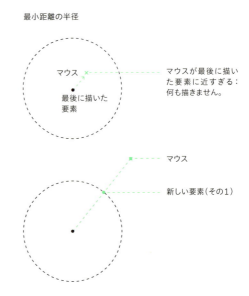

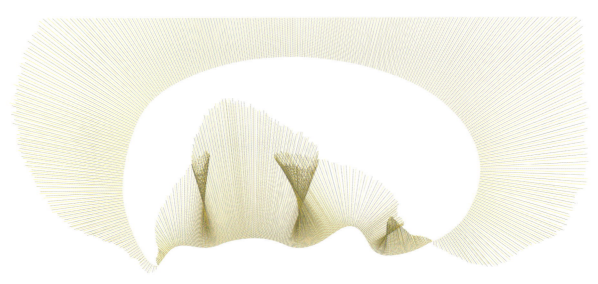

→ **P_2_3_2_01** ドローイング中にマウスをすばやく動かすほど、直線が長くなります。

```
    function draw() {
[1]   if (mouseIsPressed && mouseButton == LEFT) {
        var d = dist(x, y, mouseX, mouseY);

[2]     if (d > stepSize) {
          var angle = atan2(mouseY - y, mouseX - x);

          push();
          translate(x, y);
          rotate(angle);
          stroke(col);
[3]       if (frameCount % 2 == 0) stroke(150);
[4]       line(0, 0, 0, lineLength * random(0.95, 1.0) * d/10);
          pop();

[5]       if (drawMode == 1) {
            x = x + cos(angle) * stepSize;
            y = y + sin(angle) * stepSize;
          }
          else {
            x   = mouseX;
            y   = mouseY;
          }
        }
      }
    }


    マウス： ドラッグ：ドローイング
    キー：   1-2：描画モード
            DEL：ディスプレイ領域を消去
            ↓/↑：直線の長さ -/+
            S：画像を保存
```

[1] マウスボタンを押しているとき（ドローイング中）、最後に描いた位置(x, y)から現在のマウスの座標までの距離を計算します。

[2] この距離がstepSizeよりも大きい場合、新しい直線を描きます。直線を描くために、最後に描いた位置からの角度をはじめに計算する必要があります。atan2()関数でこの角度を簡単に計算できます。この関数には2つのパラメータ、2点間の垂直方向の距離mouseY-yと、水平方向の距離mouseX-xが必要です。

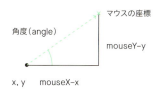

[3] 直線を、ランダムな色colと中間のグレーの2色を交互に使って描きます。

[4] 垂直線を描きます。前もって座標系をangleで回転させているので、この直線は描画パスに直交します。直線の長さは、基本の長さlineLengthに、少し変化をつけるためのランダム値と、d/10を掛けた値にしています。つまり、マウスの速さを表す最後の点と新しい点のあいだの距離が開くほど、直線が長くなります。

[5] バージョン1(drawMode==1)では、新しい点は最後の点からstepSize分離れた位置として計算しています。バージョン2では、マウスの座標が新しい位置になります。

→ P_2_3_2_01 → Illustration：Victor Juarez Hernandez 線を何度も重ね合わせることで、陰影を描くことができます。

P.2.3.3 文字でドローイング

ドローイング中に、絵筆を持ち替えたくなることがあるでしょう。このアプリケーションでは、絵筆の位置と速さによって、文字の位置とサイズが変化していきます。ランダムな文字列だけでなく、小説を1冊まるごとペイントすることもできます。

→ **P_2_3_3_01**

マウスが描く線に沿ってプログラムで指定したテキストを表示します。マウスのスピードによって、テキストが大きくなったり小さくなったりします。

マウスの動き

```
function draw() {
  if (mouseIsPressed && mouseButton == LEFT) {
    var d = dist(x, y, mouseX, mouseY);
    textSize(fontSizeMin + d / 2);
    var newLetter = letters.charAt(counter);
    stepSize = textWidth(newLetter);

    if (d > stepSize) {
      var angle = atan2(mouseY - y, mouseX - x);

      push();
      translate(x, y);
      rotate(angle + random(angleDistortion));
      text(newLetter, 0, 0);
      pop();

      counter++;
      if (counter >= letters.length) counter = 0;

      x = x + cos(angle) * stepSize;
      y = y + sin(angle) * stepSize;
    }
  }
}
```

[1] マウスの位置と、現在書いている位置(x, y)のあいだの距離を計算します。この距離で、次の文字の大きさを決めています。`fontSizeMin`の値があることで、指定したサイズより小さくならないようにしています。

[2] 新しい文字を書けるかどうかを確かめるために、文字列`letters`から次の文字を取り出して、変数`stepSize`を文字の幅に設定します。

[3] マウスの位置と、現在書いている位置のあいだに十分なスペースがあれば、新しい文字を書きます。

[4] 変数`counter`は、これまで書いた文字数をカウントしています。この値を使って、指定した文字列`letters`から1つずつ文字を読み取っています。`counter`が元となるテキストの文字数を超えていたら、0にリセットします。

マウス： ドラッグ：テキストのドローイング
キー： DEL：ディスプレイ領域を消去
　　　 ↓/↑：文字の回転の調節
　　　 S：画像を保存

Illustration : Pau Domingo　ペンタブレットバージョンでは、ペンの筆圧でテキストのサイズを調整します。画像をテンプレートとして背面に配置して、ドローイング中に表示したり隠したりできます。

P.2.3.3 文字でドローイング

P.2.3.4 動的なブラシでドローイング

バーチャルな輪ゴムが動的なブラシへと変化しています。筆跡と動きの鈍いエージェントのあいだに、いくつかの単純な要素がネックレスの真珠のように連なります。ドローイング中は、両極が引き合う力によって要素のサイズと位置が決まります。

→ P_2_3_4_01

グラフィック要素が、マウスで一方の端から引っぱられます。反対側の端はマウスに向かってのろのろと動きます。ドローイングのスピードと慣性の設定によって、出力される要素が裂けそうなほど伸びたり、ほとんど変化しなかったりします。

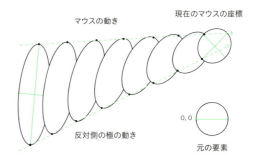

```
function draw() {
  if (mouseIsPressed && mouseButton == LEFT) {
    var d = dist(x, y, mouseX, mouseY);

    if (d > stepSize) {
      var angle = atan2(mouseY - y, mouseX - x);

      push();
      translate(mouseX, mouseY);
      rotate(angle + PI);
      image(lineModule, 0, 0, d, moduleSize);
      pop();

      x = x + cos(angle) * stepSize;
      y = y + sin(angle) * stepSize;
    }
  }
}
```

マウス： ドラッグ：描画
キー： 1-9：モジュールの切り替え
　　　DEL：ディスプレイ領域を消去
　　　↓/↑：モジュールのサイズ -/+
　　　←/→：ステップごとの移動量 -/+
　　　S：画像を保存

[1] このプログラムでは、変数xとyを反対側の極の位置として使っています。この2つの変数とマウスの座標とのあいだの距離で、要素をどれくらい引き伸ばすかを決めています。

[2] `translate()`関数で座標系をマウスの位置に移動し、反対側の極に向かうように回転してから、要素を描きます。ここでは`PI`を足していますが、追加する角度はSVGモジュールによって変えます。要素の長さをマウスまでの距離dに、幅を固定値`moduleSize`に設定します。

[3] 反対側の極の位置を、ステップごとに`stepSize`の値分動かします。この動きがマウスよりもゆっくりなので、輪ゴムのような効果を生みます。

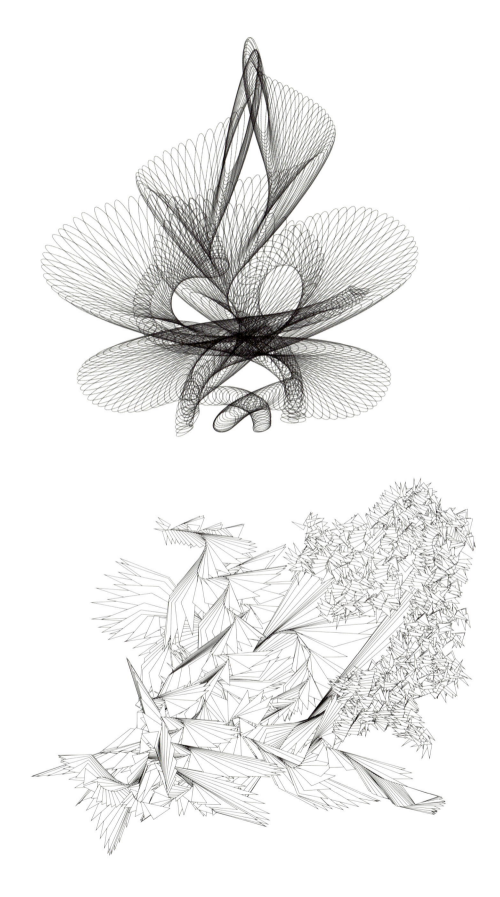

→ **P_2_3_4_01**　→ Illustration：Pau Domingo　すばやい動きのマウスに対して、ほとんど動かない反対側。

→ P_2_3_4_01　→ Illustration：Pau Domingo　マウスをすばやく規則的に動かすと、流れのある形状が生まれます。

→ P_2_3_4_01   → Illustration：Pau Domingo   マウスを動かすスピードを変えると、異なる構造が生まれます。

P.2.3.5　ペンタブレットでドローイング

ペンタブレットはマウスに比べ、ペンの筆圧や位置といったいくつかのパラメータを使えます。ドローイング中のペンの動きをしっかり記録して解釈できるので、手の動きをより正確に識別できます。ペンタブレットを使うと、ジェネラティブなプロセスにより近づくことができます。

→ **P_2_3_5_01_TABLET**

ペンタブレット特有のパラメータを、基本要素（ここでは羽の形状）に送ります。これらのパラメータは、Generative DesignライブラリのTabletクラスを使って読み取ります。ペンの向きで要素の回転速度、筆圧で色、傾きで大きさを決めます。この形はSVGファイルを読み込んだのではなく、曲線で描かれています。曲線で描くことで、それぞれのカーブポイントを自由に操作できます。

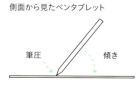

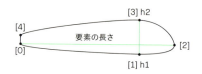

→ **P_2_3_5_01_TABLET**　→ **Illustration：Jana-Lina Berkenbusch**　新しい要素は古い要素の上に重なっていきます。そのため、背景から前面の順に描く必要があります。

```
function draw() {
  var tabletValues = tablet.values();

  var pressure = gamma(tabletValues.pressure, 2.5);
  var angle = tabletValues.azimuth;
  var penLength = cos(tabletValues.altitude);

  if (pressure > 0 && penLength > 0) {
    push();
    translate(mouseX, mouseY);
    rotate(angle);

    var elementLength = penLength * 250;
    var h1 = random(10) * (1.2 + penLength);
    var h2 = (-10 + random(10)) * (1.2 + penLength);

    ...

    pointsX = [];
    pointsY = [];

    pointsX[0] = 0;
    pointsY[0] = 0;
    pointsX[1] = elementLength * 0.77;
    pointsY[1] = h1;
    pointsX[2] = elementLength;
    pointsY[2] = 0;
    pointsX[3] = elementLength * 0.77;
    pointsY[3] = h2;
    pointsX[4] = 0;
    pointsY[4] = -5;

    beginShape();
    curveVertex(pointsX[3], pointsY[3]);
    for (var i = 0; i < pointsX.length; i++) {
      curveVertex(pointsX[i], pointsY[i]);
    }
    curveVertex(pointsX[1], pointsY[1]);
    endShape(CLOSE);
    pop();
  }
}
```

1 ペンタブレットはペンの状態を表すさまざまな値を提供してくれます。この3つのプロパティからペンタブレットの筆圧と角度の情報を取り出します。

2 ペンがタブレットに対して完全に直角ではなく、かつ筆圧がゼロより大きい場合のみ、要素を描きます。

3 図形を描くのに必要な変数を宣言します。random()関数を使うことで、図形の長さと幅を計算するときに少し変化をもたせています。

4 図形の輪郭となる点のために2つの配列pointsXとpointsYを作って、値を入れます。

5 図形を描きます。

! 閉じた曲線図形を描くには下記を参照してください。
→ P.2.2.3 エージェントが作る図形

```
マウス：     ドラッグ：ドローイング
タブレット：ペンの向き：回転
            筆圧：彩度
            傾き：長さ
キー：       1-3：描画モード
            6-0：色
            DEL：ディスプレイ領域を消去
            S：画像を保存
```

P.2.3.5 ペンタブレットでドローイング

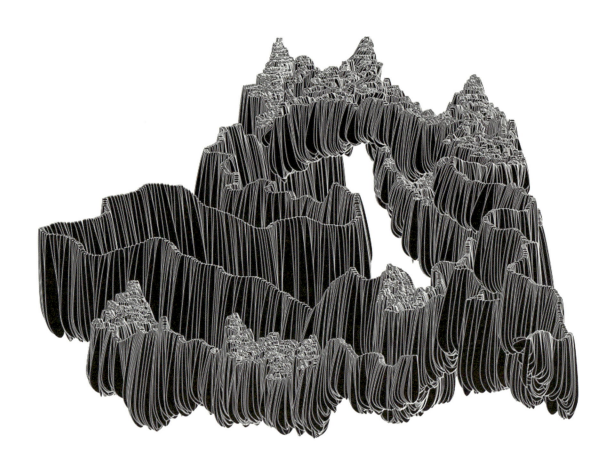

→ P_2_3_5_01_TABLET   → Illustration：Pau Domingo   基本図形が次々に重なり合って、複雑で有機的な形状を作り出します。

→ P_2_3_5_01_TABLET   → Illustration：Pau Domingo、Franz Stämmele, and Jana-Lina Berkenbusch　ペンタブレットは、鳥や山から抽象的で有機的な形状まで、あらゆるユニークなイラストレーションの制作意欲をかき立てます。

P.2.3.6　複合モジュールでドローイング

モジュールを組み合わせると強力です。普通のモジュールが大きな力を発揮しはじめます。組合せ論を利用し複合モジュールを絵筆として使うと、それぞれのモジュールが周囲4つの状態で決まり、強力な個性が生まれます。モジュールのレパートリーやセットによって、多様な特徴をもつかたまりが数多く生まれます。

→ P_2_3_6_01

マウスでグリッド内をドローイングすると、グリッドの領域にさまざまなSVGモジュールを配置します。配置されたものが見えていますが、同時に次のことが裏で起きています。それぞれの領域には、値が入っているか空かの情報しかありません。あるグリッドが表示される場合だけ、その周囲の領域に値が入っているかをチェックし、周囲の領域の状態によって特定のモジュールを選択します。

周囲4つの領域の状態は16パターンあり、4桁のバイナリコードとしてコンパクトにまとめることができます。この方法のおかげで、複雑な組合せ論を使わずにバイナリコードを10進数に変換するだけで、対応するSVGモジュールを特定することができます。

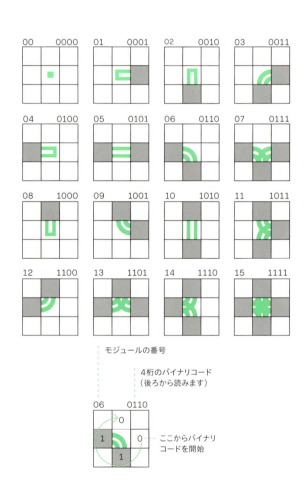

```
function draw() {
  background(255);

  if (mouseIsPressed) {
    if (mouseButton == LEFT) setTile();
    if (mouseButton == RIGHT) unsetTile();
  }

  if (doDrawGrid) drawGrid();
  drawModules();
}


function setTile() {
  var gridX = floor(mouseX / tileSize) + 1;
  gridX = constrain(gridX, 1, gridResolutionX - 2);
  var gridY = floor(mouseY / tileSize) + 1;
  gridY = constrain(gridY, 1, gridResolutionY - 2);
  tiles[gridX][gridY] = 1;
}


function drawModules() {
  for (var gridX=0; gridX<gridResolutionX-1; gridX++) {
    for (var gridY=0; gridY<gridResolutionY-1; gridY++) {
      if (tiles[gridX][gridY] == 1) {
        var NORTH = str(tiles[gridX][gridY - 1]);
        var WEST = str(tiles[gridX - 1][gridY]);
        var SOUTH = str(tiles[gridX][gridY + 1]);
        var EAST = str(tiles[gridX + 1][gridY]);

        var binaryResult = NORTH + WEST + SOUTH + EAST;
        var decimalResult = parseInt(binaryResult, 2);

        var posX = tileSize * gridX - tileSize / 2;
        var posY = tileSize * gridY - tileSize / 2;

        image(modules[decimalResult], posX, posY,
              tileSize, tileSize);
        ...
      }
    }
  }
}
```

マウス： ドラッグ：モジュールのドローイング
　　　　右ドラッグ：モジュールの削除
キー：　DEL：ディスプレイ領域を消去
　　　　G：グリッド表示 on/off
　　　　D：モジュール値表示 on/off
　　　　S：画像を保存

1 2つの関数`setTile()`と`unsetTile()`を使って、グリッド内の領域の状態を1か0に設定します。

2 `drawModules()`関数ですべてのSVGモジュールを表示します。`drawGrid()`関数で背面のグリッドを描くこともできます。

3 マウスの座標を、グリッド内の対応する領域を示す`gridX`, `gridY`に変換します。

4 グリッド内のすべての領域の状態を、2次元配列の`tiles`に保存します。クリックした領域の値を1に設定します。

5 すべてのタイルを順に見ていきます。状態が1の領域、つまり値が入っている領域だけを扱います。

6 周囲4つの領域の状態を調べて、文字列に変換して連結します。その結果、`binaryResult`には4つの0か1が並びます。

2進数表現に符号化した周囲の状態を、
7 `parseInt()`関数を使って10進数に変換します。

8 `decimalResult`に対応するSVGモジュールを選択して、ディスプレイ領域に描きます。

P.2.3.6　複合モジュールでドローイング　　　　145

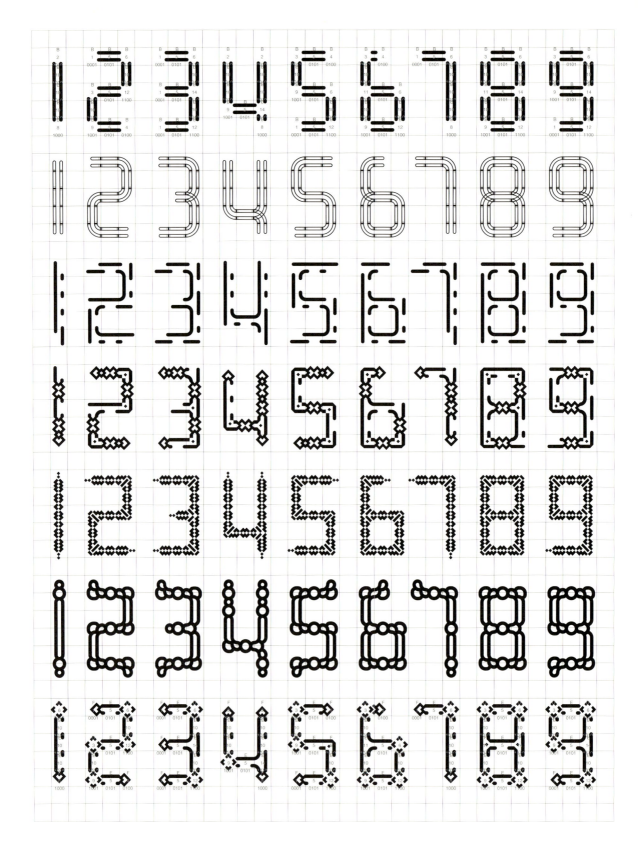

→ P_2_3_6_02 タイル上に数字を簡単に描くことができます。Illustratorなどのベクターソフトで新しいタイルセットを作成することで、無限の可能性が広がります。

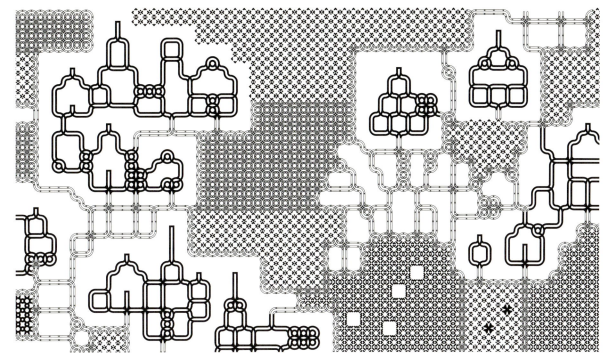

→ P_2_3_6_02　→ Illustration：Pau Domingo　隣接するグリッドを塗りつぶして、パターンを
作っています。

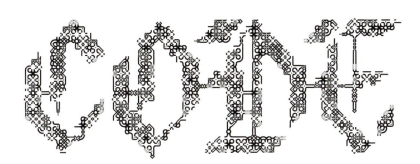

→ P_2_3_6_02　→ Illustration：Cedric Kiefer　このタイルツールはあなたをフォントづくりに
誘います。ここでは装飾的な構造としてタイルを使っています。

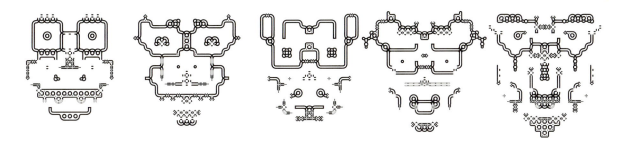

→ P_2_3_6_02　→ Illustration：Cedric Kiefer　左右対称の仮面のような形状。

P.2.3.7 複数のブラシでドローイング

複数のブラシをすべて同時にマウスの位置に反応するように配置すると、まるで鏡台にドローイングしているような印象を受けます。それぞれの絵筆の動きを、水平軸や垂直軸で鏡写しにすると、万華鏡のような効果を作り出すことができます。

→ P_2_3_7_01

ペイントプログラムを作るのは非常に簡単です。フレームごとに現在のマウス位置と1つ前のフレームのマウス位置のあいだに線を引けばいいのです。この短い線をコピーして何度も描くことができます。水平方向または垂直方向にぴったり移動してコピーすることができます。また、水平線、垂直線、対角線を軸に反転コピーすることもできます。さらに両者を組み合わせることもできます。

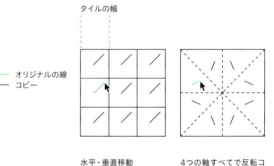

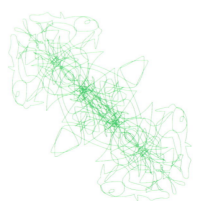

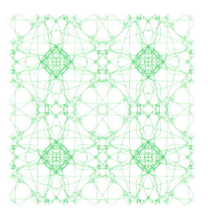

→ P_2_3_7_01 軸の反転や繰り返しを使った、3通りのドローイング方法。

```
function setup() {
  canvasElement = createCanvas(800, 800);
  ...
  img = createGraphics(width, height);
  ...
}


function draw() {
  background(255);
  image(img, 0, 0);
  ...
  if (mouseIsPressed && mouseButton == LEFT) {
    var w = width / penCount;
    var h = height / penCount;
    var x = mouseX % w;
    var y = mouseY % h;
    var px = x - (mouseX - pmouseX);
    var py = y - (mouseY - pmouseY);

    for (var i = 0; i < penCount; i++) {
      for (var j = 0; j < penCount; j++) {
        var ox = i * w;
        var oy = j * h;

        img.line(x+ox, y+oy, px+ox, py+oy);
        if (mh || md2 && md1 && mv)
            img.line(w-x+ox, y+oy, w-px+ox, py+oy);
        if (mv || md2 && md1 && mh)
            img.line(x+ox, h-y+oy, px+ox, h-py+oy);
        if (mv && mh || md2 && md1)
            img.line(w-x+ox, h-y+oy, w-px+ox, h-py+oy);

        if (md1 || md2 && mv && mh)
            img.line(y+ox, x+oy, py+ox, px+oy);
        if (md1 && mh || md2 && mv)
            img.line(y+ox, w-x+oy, py+ox, w-px+oy);
        if (md1 && mv || md2 && mh)
            img.line(h-y+ox, x+oy, h-py+ox, x+oy);
        if (md1 && mv && mh || md2)
            img.line(h-y+ox, w-x+oy, h-py+ox, w-px+oy);
      }
    }
    ...
  }
}

マウス： ドラッグ：ドローイング
キー：   1-4：さまざまな反転コピー on/off
        5-0：色
        ↓/↑：線の太さ -/+
        ←/→：ブラシの数 -/+
        DEL：ディスプレイ領域を消去
        D：反転軸の表示 on/off
        G：GIFの録画 開始/停止
        S：画像を保存
```

1 このスケッチはディスプレイ領域を正方形にして実行してください。それ以外の場合は、対角線を軸とした反転コピーに問題が生じます。

2 createGraphics()関数で、あとで描く画像を作っておきます。この画像を使って、いろいろな軸の反転コピーを表示したり隠したりしています。

3 各フレームで描かれた画像をディスプレイ領域にコピーします。

4 変数penCountで仮想ブラシをxおよびy方向に何本生成するかを設定しています。値を3にすると9本のブラシを生成します。wとhはブラシが動く範囲のタイルの幅と高さです。

5 座標xとyは左上のタイルにおけるブラシの位置です。

6 変数pmouseXとpmouseYはp5.jsが用意している変数で、常に1つ前のフレームのマウス位置が格納されています。

7 oxとoyの値は、ブラシのx軸方向とy軸方向の移動量を表します。

8 どのような場合でも、現在のマウス位置と1つ前のフレームのマウス位置のあいだに線を引きます。

9 mhがtrueなら（水平方向に反転コピー）、タイルの幅から位置xを引きます。また、垂直方向と2つの対角線軸の反転コピーを同時に適用するときも、水平方向の反転コピーが生じます。

10 1つの対角線軸の反転コピーは、xとyを交換することで簡単に生成できます。

→ P_2_3_7_02_TABLET　この画像ではタイルの数を変えながら、黒、緑、白で何度も塗り重ねています。

→ P_2_3_7_02_TABLET　ペンタブレット用のバージョンでは、線の太さが筆圧に反応して変化します。

P.2.3.7　複数のブラシでドローイング

Type 文字

形のチャプターでは、繰り返し（グリッド）、反復（エージェント）、インタラクション（ドローイング）の原理を使って形状を生成する方法を解説しました。このチャプターでは、デザインにおいて極めて重要な要素であるタイポグラフィを扱います。これから示す作例で、ジェネラティブデザインの文脈におけるタイポグラフィを紹介します。テキストの視覚的解析から文字のアウトライン抽出まで、さまざまな手法を使っていきます。

P.3	文字		152
P.3.0		HELLO, TYPE	154
P.3.1		テキスト	156
	P.3.1.1	時間ベースで書くテキスト	156
	P.3.1.2	設計図としてのテキスト	158
	P.3.1.3	テキストイメージ	162
	P.3.1.4	テキストダイアグラム	168
P.3.2		フォントアウトライン	172
	P.3.2.1	フォントアウトラインの分解	172
	P.3.2.2	フォントアウトラインの変形	176
	P.3.2.3	エージェントが作るフォントアウトライン	180
	P.3.2.4	並走するフォントアウトライン	182
	P.3.2.5	動くフォント	186

P.3.0   **HELLO, TYPE**

文字が空間上に形を作り出します。ベクターベースのフォントを生成し、さまざまなパラメータを直接操作することで、時間や空間の中に文字を形づくることができます。文字が現れる様子のほか、サイズや位置がインタラクティブに変化していく軌跡も見えます。

→ P_3_0_01

マウスの水平方向の動きで文字のサイズをコントロールし、垂直方向の動きで文字を上下に動かします。マウスボタンを押していると、文字の変化の軌跡が残ります。

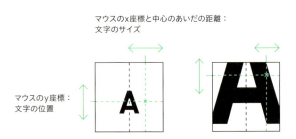

→ P_3_0_01　文字が変化の軌跡を残します。やがて何の文字か判別できなくなり、新たな形を生成します。

|1|
```
var font = "sans-serif";
var letter = "A";


function setup() {
  createCanvas(windowWidth, windowHeight);
  background(255);
  fill(0);
```
|2|
```
  textFont(font);
  textAlign(CENTER, CENTER);
}


function mouseMoved() {
  clear();
```
|3|
```
  textSize((mouseX - width / 2) * 5 + 1);
  text(letter, width / 2, mouseY);
}
```
|4|
```
function mouseDragged() {
  textSize((mouseX - width / 2) * 5 + 1);
  text(letter, width / 2, mouseY);
}
```

```
マウス：  x座標：サイズ
         y座標：位置
         ドラッグ：描画
キー：    A–Z：文字の切り替え
         CTRL(control)：画像を保存
```

|1| 使用するフォント名を変数fontに格納します。

|2| textFont()関数で現在のフォントを指定します。textAlign()で水平、垂直方向の文字揃えを指定します。

|3| マウスを動かすと、マウスの水平方向の位置に応じて文字のサイズが変わります。text()関数を使って、文字の位置を指定して表示します。指定する位置は、水平方向はディスプレイ領域の中央width/2に、垂直方向はmouseYです。

|4| マウスを動かすとき、マウスボタンを押していても、同様に文字を表示します。ただしこの場合、ディスプレイ領域をクリアしないので文字の軌跡が残ります。

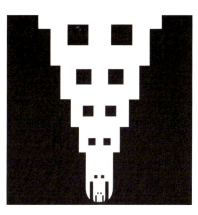

| P.3.1.1 | **時間ベースで書くテキスト** |

垂直方向のマウス位置によって行間が変わり、それぞれの文字を入力する経過時間で文字サイズが変わると、文章を書くリズムがテキストで奏でられます。

→ P_3_1_1_01

タイピングすると、仮想の「ペン先」がディスプレイ領域上を左から右へ移動します。ペン先が右端に辿り着くと、次の行の最初から再スタートします。行間は、垂直方向のマウス位置で決まります。それぞれのキーストローク間の時間を計測します。この間隔が長くなるほど、入力した文字が大きく表示されます。

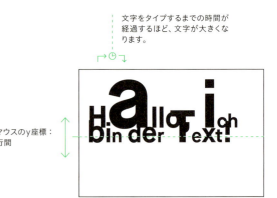

文字をタイプするまでの時間が経過するほど、文字が大きくなります。

マウスのy座標：行間

→ **P_3_1_1_01** 垂直方向のマウス位置で行間が決まります。読みやすさの異なる多様なタイポグラフィ構造ができあがります。

```javascript
function draw() {
  ...
  spacing = map(mouseY, 0, height, 0, 120);
  translate(0, 200 + spacing);

  var x = 0;
  var y = 0;
  var fontSize = 20;

  for (var i = 0; i < textTyped.length; i++) {
    fontSize = fontSizes[i];
    textFont(font, fontSize);
    var letter = textTyped.charAt(i);
    var letterWidth = textWidth(letter) + tracking;

    if (x + letterWidth > width) {
      x = 0;
      y += spacing;
    }

    text(letter, x, y);
    x += letterWidth;
  }

  var timeDelta = millis() - pMillis;
  newFontSize = map(timeDelta, 0, maxTimeDelta,
                    minFontSize, maxFontSize);
  newFontSize = min(newFontSize, maxFontSize);

  fill(200, 30, 40);
  if (int(frameCount / 10) % 2 == 0) fill(255);
  rect(x, y, newFontSize / 2, newFontSize / 20);
}


function keyTyped(){
  if(keyCode >= 32){
    textTyped += key;
    fontSizes.push(newFontSize);
  }
}


function keyPressed() {
  ...
  pMillis = millis();
}

  マウス： y座標：行間
  キー：   A-Z：文字の切り替え
           CTRL：画像を保存
```

1 変数textTypedには入力した文字列が入っています。これを1文字ずつ処理していきます。

2 フォントのサイズfontSizesは、配列fontSize[]からインデックス番号iの値を取り出しています。このサイズでフォントを設定します。

3 文字列textTypedからインデックス番号iの文字を取り出して、letterに保存します。また、この文字の幅textWidth(letter)にtrackingの値を加えます。

4 現在の位置と文字幅の合計がディスプレイ領域の幅を超えていたら改行します。改行するには、xを0にリセットして、垂直方向の位置yに行間の値を足します。

5 文字をx,yの位置に描きます。

6 すべての文字を描いたら、点滅するカーソルを表示します。時間が経つにつれてカーソルを大きくするために、最後のタイプ操作からの経過時間timeDeltaを計測する必要があります。millis()関数で、ミリ秒単位の現在時刻を取得します。この現在時刻から、最後のキーストローク時に保存したpMillisの値を引きます。この時間差をminFontSizeからmaxFontSizeまでの範囲に変換します。

7 この値を使って、現在の描画位置に矩形を描きます。

8 キーを押すと、文字列textTypedにタイプした文字を付け加え、配列fontSizes[]に新しい文字サイズnewFontSizeを追加します。

9 最後のキーストロークの時刻をdraw()関数内で利用できるように、pMillisに現在時刻を保存しておきます。

P.3.1.2 設計図としてのテキスト

ここでは、特定の文字で文字を書く向きを変えてみます。このプログラムでは、それぞれの文字が一定の視覚的なルールに沿って変換されていきます。したがって、元となるテキストが構成を作り上げる設計図の役割を果たすことになります。

キー	変換
A	→ Aを入力 → 文字入力位置をずらす
B	→ Bを入力 → 文字入力位置をずらす
スペース	→ 画像を描く → −45°回転 → 文字入力位置をずらす
C	→ Cを入力 → 文字入力位置をずらす
カンマ	→ 画像を描く → 45°回転 → 文字入力位置をずらす

→ P_3_1_2_01

キーボードで自由にテキストを入力できます。それぞれの文字が、プログラムで設定した一定のルールで変換されます。このルールでは、描く内容や、位置、サイズなどをどう変えるかを指定しています。

バックスペースキーやデリートキーで、入力した文字を取り消すことができます。

この作例では、いくつかの文字が読み込んだSVGモジュールに置き換えられます。

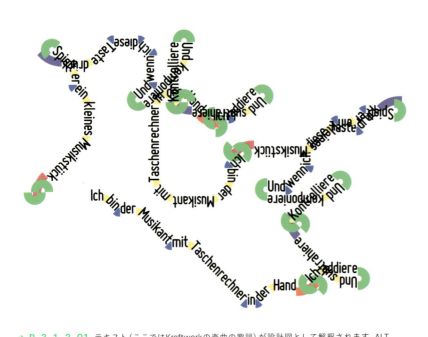

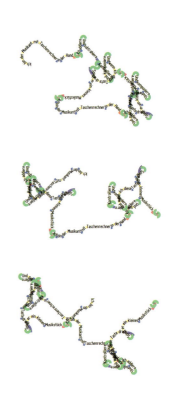

→ P_3_1_2_01 テキスト（ここではKraftwerkの楽曲の歌詞）が設計図として解釈されます。ALT（option）キーを押すたびに、RandomSeed（乱数生成のシード）が更新され、異なるテキストの曲がり道が現れます。これは、スペース（空白文字）で曲がる向きが、ランダムな2方向から選ばれるためです。

```
function draw() {
  ...
  translate(centerX, centerY);
  scale(zoom);

  for (var i = 0; i < textTyped.length; i++) {
    var letter = textTyped.charAt(i);
    var letterWidth = textWidth(letter);

    switch (letter) {
      case ' ':
        var dir = floor(random(0, 2));
        if (dir == 0) {
          image(shapeSpace, 1, -15);
          translate(4, 1);
          rotate(QUARTER_PI);
        }
        if (dir == 1) {
          image(shapeSpace2, 1, -15);
          translate(14, -5);
          rotate(-QUARTER_PI);
        }
        break;

      case ',':
        image(shapeComma, 1, -15);
        translate(35, 15);
        rotate(QUARTER_PI);
        break;
      ...
      default:
        fill(0);
        text(letter, 0, 0);
        translate(letterWidth, 0);
    }
  }

  // blinking cursor after text
  fill(0);
  if (int(frameCount / 6) % 2 == 0) rect(0, 0, 15, 2);
}
```

マウス： ドラッグ：アートボードのスクロール
キー： キーボード：テキスト入力
　　　　区切り文字（,/./!/?/リターン）：カーブ
　　　　スペース：ランダムな向きのカーブ
　　　　DEL：文字の削除
　　　　↓/↑：ディスプレイ領域のズーム
　　　　ALT（option）：ランダムレイアウトの更新
　　　　CTRL：画像を保存

1 テキストを表示する前に、座標系の原点を（centerX,centerY）に移動します。このように定義すると、マウス操作で原点を移動できるようになります。

2 タイプしたすべての文字を順に処理します。

3 それぞれの文字letterの文字幅を調べておくことで、あとで文字を書く位置を適切にずらすことができます。

4 このプログラムの核心は、それぞれの文字が外観と表記にどんな影響を与えるかを決めた一連のルールにあります。このルールを適用するため、switch文を使って現在の文字letterを判別しています。

5 スペース（空白文字）は、次のように変換されます。ランダムな値dirによって、読み込んだ2つのSVGモジュールshapeSpaceかshapeSpace2のどちらかを描きます。translate()で描く位置を調整し、rotete()で描く方向を左か右に45°回転します。

6 他の特別な文字（ここではカンマ）でも、変数に読み込んだSVGを描きます。このような特別な文字のどれかを入力すると、対応するモジュールを描いて、文字を書く位置と方向を変えます。

7 その他の文字の場合、その文字を描いて、文字を書く位置を文字幅のletterWidthピクセルずらします。

8 点滅するカーソルを表示します。点滅させるために、p5.js変数のframeCountと剰余演算子%を使って、0と1の値を交互に作ります。frameCountは、フレームごとに値が自動的に1ずつ増えていく変数です。こうすることで、カーソルを表示したり消したりできます。

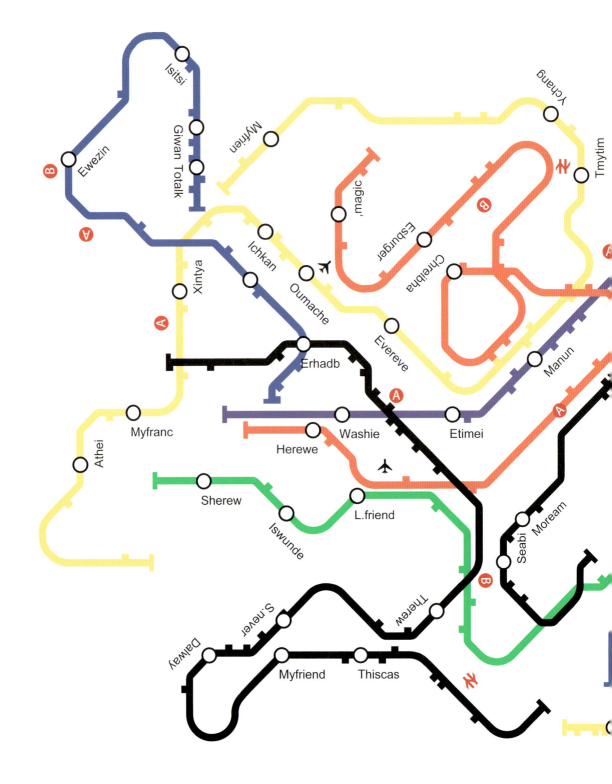

→ **P_3_1_2_02** → **イラストレーション：Cedric Kiefer**　タイプした文字は、いろいろな要素に置き換えられます。例えば、ENTERは「新規路線の開始」です。テキストは完全にイメージに変換されていきます。

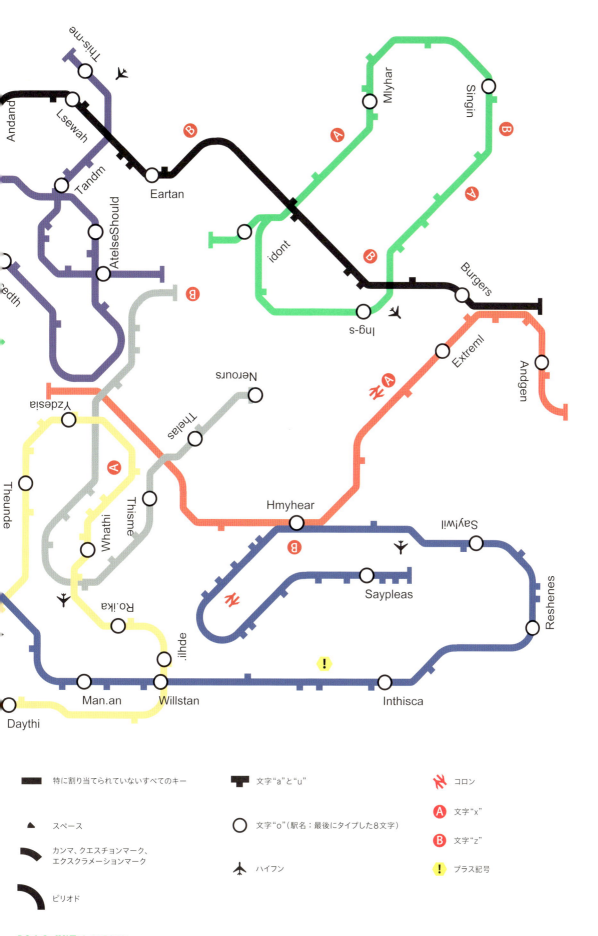

P.3.1.2 設計図としてのテキスト

P.3.1.3 テキストイメージ

どの文字がどれくらいの頻度で出現しているでしょう？　解析したテキストの情報が、イメージを生成します。テキスト中の文字の出現回数をそれぞれの文字ごとに調べて、文字の表示方法を決めます。例えば、文字の色を出現頻度に対応づけることができます。最終的には、文字を使う必要すらなくなります。

→ P_3_1_3_01

テキストを1文字ずつ処理して、それぞれの文字によって対応するカウンターの値を増やします。このプロセスを終えると、各文字の頻度を表すカウンターのリストができます。これらの値をテキスト表示のパラメータとして使うことができます。

Welche Buchstaben kommen hier wie oft vor?

```
1    2      3     4  5    6      A:1
                                 B:2
                                 C:2
                                 D:0
                                 E:6
                                 F:1
                                 G:0
                                 ...
```

```
    ...
1   var alphabet = "ABCDEFGHIJKLMNORSTUVWYZÄÖÜß,.;!? ";
    var counters = [];
    ...


    function preload() {
2     joinedText = loadStrings("data/faust_kurz.txt");
    }


    function setup() {
      createCanvas(620, windowHeight);
      ...
3     joinedText = joinedText.join(" ");
      for (var i = 0; i < alphabet.length; i++) {
        counters[i] = 0;
      }
4     countCharacters();
    }
```

1 文字列 **alphabet** で、カウント対象の文字を指定します。配列 **counters** は、カウント対象の各文字用のカウンターのために準備します。

2 解析対象となるテキストを **loadStrings()** 関数で読み込みます。

3 読み込んだテキストは、1行ごとに文字列の配列に入っています。しかし、ここでは連続したテキストが処理しやすいので、**join()** ですべての行を1つにまとめています。

4 **countCharacters()** 関数で頻度を測定します。

```
       function countCharacters() {
         for (var i = 0; i < joinedText.length; i++) {
   5       var c = joinedText.charAt(i);
           var upperCaseChar = c.toUpperCase();
   6       var index = alphabet.indexOf(upperCaseChar);
           if (index >= 0) counters[index]++;
         }
       }


       function draw() {
         ...
   7     posX = 20;
         posY = 40;

         for (var i = 0; i < joinedText.length; i++) {
           var upperCaseChar=joinedText.charAt(i).toUpperCase();
   8       var index = alphabet.indexOf(upperCaseChar);
           if (index < 0) continue;

   9       if (drawAlpha) {
             fill(87, 35, 129, counters[index] * 3);
           } else {
             fill(87, 35, 129);
           }

  10       var sortY = index * 20 + 40;
           var m = map(mouseX, 50, width - 50, 0, 1);
  11       m = constrain(m, 0, 1);
           var interY = lerp(posY, sortY, m);

           text(joinedText.charAt(i), posX, interY);

  12       posX += textWidth(joinedText.charAt(i));
           if (posX >= width - 200 && upperCaseChar == " ") {
             posY += 30;
             posX = 20;
           }
         }
       }
```

マウス： x座標：テキストの位置をそのままにするか並び替えるか
キー： 　A：透明度モードの切り替え
　　　　　S：画像を保存

[5] テキストを順に見ていきます。`charAt()`でテキストから1文字を取り出して、`toUpperCase()`関数を使って大文字に変換します。

[6] `indexOf()`関数で、調べている文字が文字列`alphabet`内のどの位置にあるかを探すことができます。文字が見つかったら、`index`を使って対応するカウンターの値を1つ増やします。

[7] 変数`posX`と`posY`を文字を書くスタート位置で初期化します。

[8] 描画中は、毎回テキストを最初から処理します。`countCharacters()`関数と同様に、カウンター配列から値を取り出すために現在の文字のインデックス番号を探します。文字が見つからなかったら（`index < 0`）、`continue`でこの文字の描画処理を中止します。

[9] 描画モード`drawAlpha`が設定されていたら、文字の色の透明度を`counters[index]`の頻度によって指定します。

[10] 文字を並び替えるために変数`sortY`を作ります。この変数は、文字が移動していく先の行のy座標を表しています。Aなら40、Bなら60といった値になります。

[11] マウスの位置を0から1までの数値`m`に変換して、補間用の変数として利用します。`lerp()`関数で`posY`と`sortY`のあいだを補間して、計算結果の値`interY`を使って文字を配置します。

[12] あとは文字を書く位置を更新する必要があるだけです。`posX`の値を文字の幅分増やします。この値がディスプレイ領域の右端の余白に近づいていて、現在の文字が空白文字の場合、改行します。`posY`の値を行間分増やし、`posX`を左に戻します。

→ **P_3_1_3_01** 水平方向のマウス位置で、テキストを通常のままで表示するか並び替えて表示するかをコントロールします。

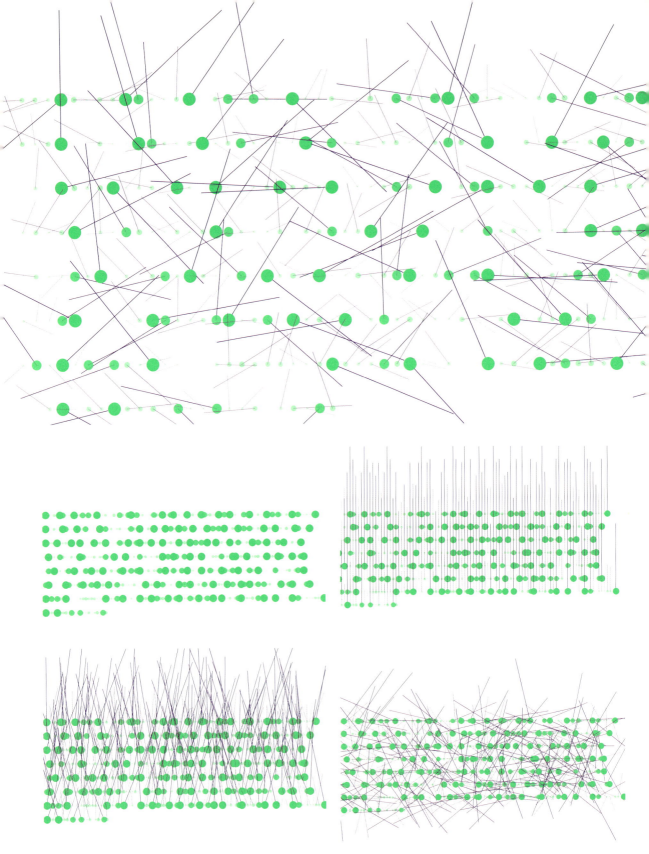

→ P_3_1_3_03 テキスト中の文字の出現頻度を、組み合わせを変えながら何度か符号化しています。
ここでは、円のサイズと透明度、紫色の直線の長さ、文字自体の不透明度を組み合わせています。

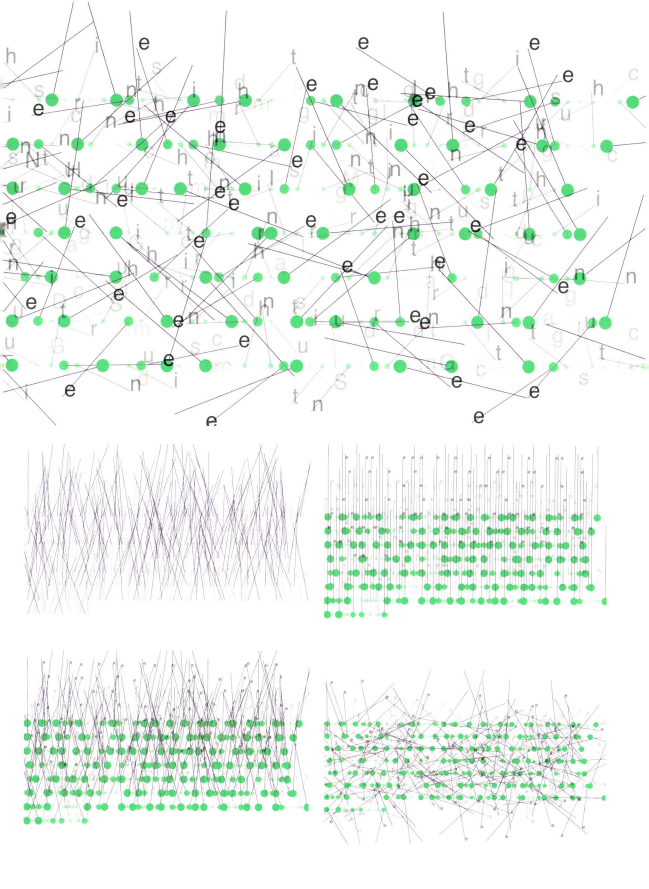

P.3.1.3 テキストイメージ

165

Ihr naht euch wieder, schwankende Gestalten, Die früh sich einst dem trüben Blick gezeigt. Versuch ich wohl, euch diesmal festzuhalten? Fühl ich mein Herz noch jenem Wahn geneigt? Ihr drängt euch zu! nun gut, so mögt ihr walten, Wie ihr aus Dunst und Nebel um mich steigt; Mein Busen fühlt sich jugendlich erschüttert Vom Zauberhauch, der euren Zug umwittert. Ihr bringt mit euch die Bilder froher Tage, Und manche liebe Schatten steigen auf; Gleich einer alten, halbverklungnen Sage Kommt erste Lieb und Freundschaft mit herauf; Der Schmerz wird neu, es wiederholt die Klage Des Lebens labyrinthisch irren Lauf, Und nennt die Guten, die, um schöne Stunden Vom Glück getäuscht, vor mir hinweggeschwunden.

```
22 A aaaaaaaaaaaaaaaaaaaaaa
12 B bBbBbbBbbbbb
26 C cccccccccccccccccccccccccc
25 D ddDdddDdddddddddDdddDddddd
85 E eeeeeeeeeeeeeeeeeeeeeeeeeeeeeeeeeeeeeeeeeeeeeeeeeeeeeeeeeeeeeeeeeeeeeeeeeeeeeeeeeee
10 F ffFffffFfff
23 G GgggggggggggggGgggGGggg
44 H hhhhhhhhhhhhhHhhhhhhhhhhhhhhhhhhhhhhhhhhhhhhhh
43 I IiiiiiiiiiiiiIiiiiiiiiiIiiiiiiiiiiiiiiiiiiiii
 2 J jj
 6 K kkkKKk
23 L lllllllllllllllLlLlLl
19 M mmmmmmmMmmmmmmmmmmm
50 N nnnnnnnnnnnnnnnnnNnnnnnnnnnnnnnnnnnnnnnnnnnnnnnnn
 9 O ooooooooo
 0 P
 0 Q
35 R rrrrrrrrrrrrrrrrrrrrrrrrrrrrrrrrrrr
28 S ssssssssssssssssSsSssSsssssSss
41 T tttttttttttttttttttttttttTttttttttttttttt
34 U uuuuuuuuuuuuuuuuuuuuUuuuuuuUuuuuu
 5 V VVvVv
11 W wwwWwWwwwww
 0 X
 1 Y y
 7 Z zzzzZZz
 2 Ä ää
 2 Ö öö
 6 Ü üüüüüü
 0 ß
13 , ,,,,,,,,,,,,,,
 3 . ...
 3 ; ;;;
 0 :
 1 ! !
 2 ? ??
112
```

→ **P_3_1_3_04** 同じ文字同士を色のついた直線でつないでいます。直線の色は、色相環からアルファベット順に1つずつ取り出しています。マウスを右に動かすと、文字を出現頻度順に並び替えます。

文字ごとにオン／オフを切り替えられるので、例えば母音字の出現頻度を個別に観察することができます。グレーの直線（次ページの図参照）は、1キーで切り替えることができ、各文字とその次の文字をつないでいます。元のテキストの位置ではほとんど見えませんが、文字を並び替えると、グレーの直線による印象的なネットワーク構造が現れます。

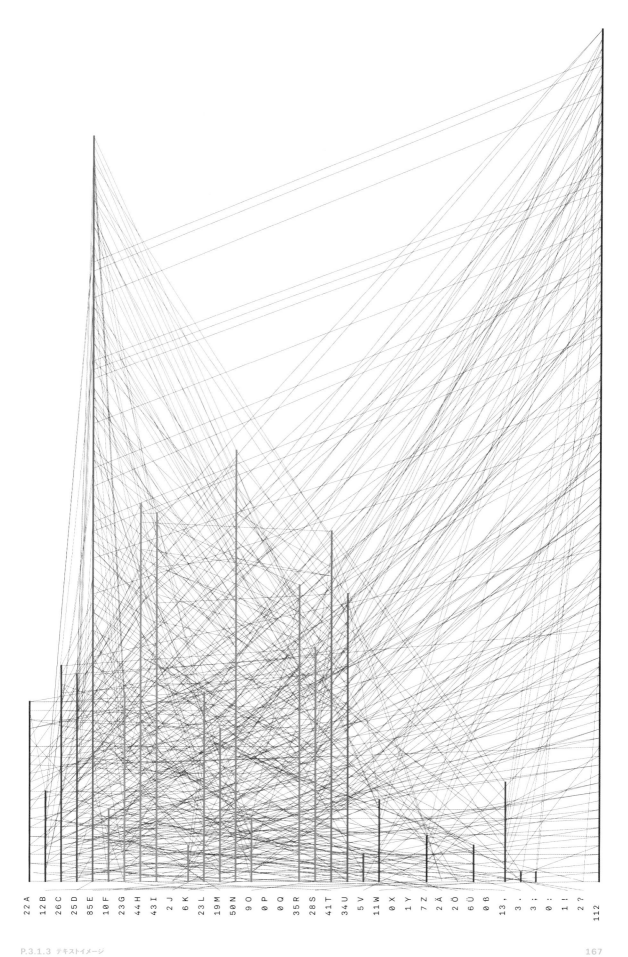

P.3.1.3 テキストイメージ

P.3.1.4 テキストダイアグラム

ジェーン・オースティンが好んで使った単語は何でしょうか？ 大量のテキストを機械で読み取って処理する能力が、実験の余地を大きく広げました。これにより、『高慢と偏見』内のすべての単語を数え上げ、各単語の出現頻度を面のサイズで可視化することができます。統計的な文芸批評としての単語のダイアグラムです。

→ P_3_1_4_01

ツリーマップと呼ばれるアルゴリズムは、1つの矩形を複数の小さな矩形に分割します。ここでは、テキスト内の各単語の出現頻度に応じたサイズで分割しています。ジェーン・オースティンの『高慢と偏見』全文をテキストファイルから読み込み、単語ごとに分割して、可視化するためにTreemapクラスに渡します。キーを押して、ツリーマップ・アルゴリズムの個々のパラメータを調整することができます。

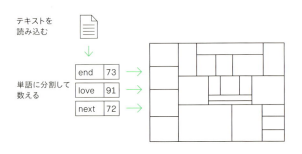

→ P_3_1_4_01 ツリーマップの抜粋。頻度で並び替えていて、水平方向の帯のみを作るようにしています。

```
1    var mapData = {};
     ...
2    var doSort = true;
     var rowDirection = "both";


     function setup() {
       ...
       joinedText = joinedText.join(" ");
3      var words = joinedText.match(/\w+/g);

4      treemap = new gd.Treemap(1, 1, width - 3, height - 3,
                     {sort:doSort, direction:rowDirection});

       for (var i = 0; i < words.length; i++) {
5        var w = words[i].toLowerCase();
         treemap.addData(w);
       }

       treemap.calculate();
     }



     function draw() {
       background(255);
       textAlign(CENTER, BASELINE);

6      for (var i = 0; i < treemap.items.length; i++) {
         var item = treemap.items[i];

         fill(255);
         stroke(0);
         strokeWeight(1);
7        rect(item.x, item.y, item.w, item.h);

         var word = item.data;
         textFont(font, 100);
8        var textW = textWidth(word);
         var fontSize = 100 * (item.w * 0.9) / textW;
9        fontSize = min(fontSize, (item.h * 0.9));
         textFont(font, fontSize);

         fill(0);
         noStroke();
10       text(word, item.x + item.w/2, item.y + item.h*0.8);
       }
       ...
     }

     キー:   R:ランダム on/off
             H:水平方向のレイアウト
             V:垂直方向のレイアウト
             B:両方向のレイアウト
             S:画像を保存
```

1 データ・コンテナの`mapData`には、読み込んだテキストの単語とその数をあとで保存します。

2 `doSort`と`rowDirection`変数で、ツリーマップのいろいろなレイアウトをコントロールします。

3 `match()`関数を使って、テキスト全文を単語に分割します。この関数のパラメータは正規表現です。正規表現を使うと、非常に複雑なテキスト検索を実行することができます。ここで使用しているものは比較的シンプルです。1つまたは複数の`(+)`単語の文字`(\w)`が検索されます。最後の`g`は「グローバル（全体）」を意味します。つまりこの検索では、最初に見つかる単語だけでなくテキスト全体の単語を検索します。

4 `Treemap`を生成します。最初の4つのパラメータで、位置（x, y）、幅、高さを指定します。さらに、表示方法を指定するオブジェクトを渡します。

5 単語の配列を順に処理します。すべての単語をまず小文字に変換することで、例えば文頭で大文字になっていても同じ単語として認識できるようにします。`addData()`で単語をツリーマップに追加し、`calculate()`で計算を開始します。

6 `Treemap`クラスは、すべての単語のツリーマップ要素の計算を終えていて、`items`配列に用意しています。

7 要素の位置、幅、高さが、x、y、w、hの各変数として自動的に入っていて、要素の枠を描画するのに使うことができます。

8 枠を描いた後に、単語の幅を調べるためにフォントサイズを100に設定します。比例式の三数法を使うと、フォントサイズを矩形の幅`item.w`に収まるように計算できます。

9 単語は枠の高さを超えてはいけません。

10 単語を枠の中に書きます。

P.3.1.4 テキストダイアグラム

→ P_3_1_4_01 ツリーマップで表したジェーン・オースティンの『高慢と偏見』の全単語の出現頻度。
このレイアウトでは、枠の形をできるだけ正方形にしようとします。

P.3 文字

→ P_3_1_4_02 プログラムの第2バージョンでは、同じ文字数の単語をグループ化しています。数字
キー（1-9）を使って、それぞれのグループを表示したり隠したりできます。

P.3.2.1 フォントアウトラインの分解

テキストは文字の連なりでできています。その文字はアウトラインによって形作られています。ここからは、アウトラインを一連の点に分解し、ジェネラティブなフォント操作の基礎を築きます。それぞれの点を別の要素に置き換えるだけで、オリジナルのフォントに姿を変えます。

→ P_3_2_1_01

はじめに、テキストとフォントファイルを用意します。Frederik De Bleserによるopentype.jsライブラリは、フォントのアウトライン上にある大量の点を算出します。この情報を使って、文字の新たな視覚的特性を作り出すことができます。

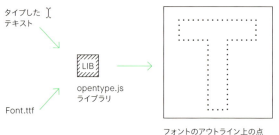

→ P_3_2_1_02 このバージョンのプログラムでは、SVGを読み込んで、文字のアウトライン上に配置しています。回転角度と拡大縮小率はマウスでコントロールすることができます。

```
1   function setup() {
      ...
      opentype.load('data/FreeSans.otf', function(err, f) {
        font = f;
        loop();
      });
    }


    function draw() {
      ...
      if (textTyped.length > 0) {
2       var fontPath = font.getPath(textTyped, 0, 0, 200);
3       var path = new g.Path(fontPath.commands);
4       path = g.resampleByLength(path, 11);

        stroke(181, 157, 0);
        strokeWeight(1.0);
        var l = 5;
5       for (var i = 0; i < path.commands.length; i++) {
          var pnt = path.commands[i];
          line(pnt.x - l, pnt.y - l, pnt.x + l, pnt.y + l);
        }

        fill(0);
        noStroke();
        var diameter = 7;
        for (var i = 0; i < path.commands.length; i++) {
          var pnt = path.commands[i];
6         if (i % 2 == 0) {
            ellipse(pnt.x, pnt.y, diameter, diameter);
          }
        }
      }
      ...
    }

    キー:    キーボード：テキスト入力
             DEL：文字の削除
             CTRL：画像を保存
```

[1] opentype.jsライブラリがフォントファイルを読み込み、font変数にフォントを格納します。

[2] 点を抽出する3つのステップを実行します。opentypeライブラリのgetPath()関数で、文字をアウトラインのパスに変換します。

[3] パスをg.Pathオブジェクトに変換します（g.jsは別のライブラリです）。

[4] resampleByLength()関数で、パスを同じ長さの区間（ここでは11ピクセル）に分割します。

[5] 点を順に処理します。最初に、短い斜め線を点の位置に描きます。

[6] 次に、黒い円を描きます。ここでは、1つおきの点の位置だけに描いています。

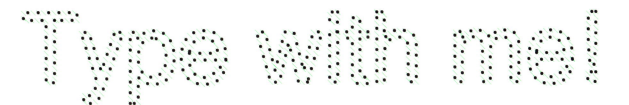

→ P_3_2_1_01 グラフィック要素を文字のアウトライン上に配置しています。

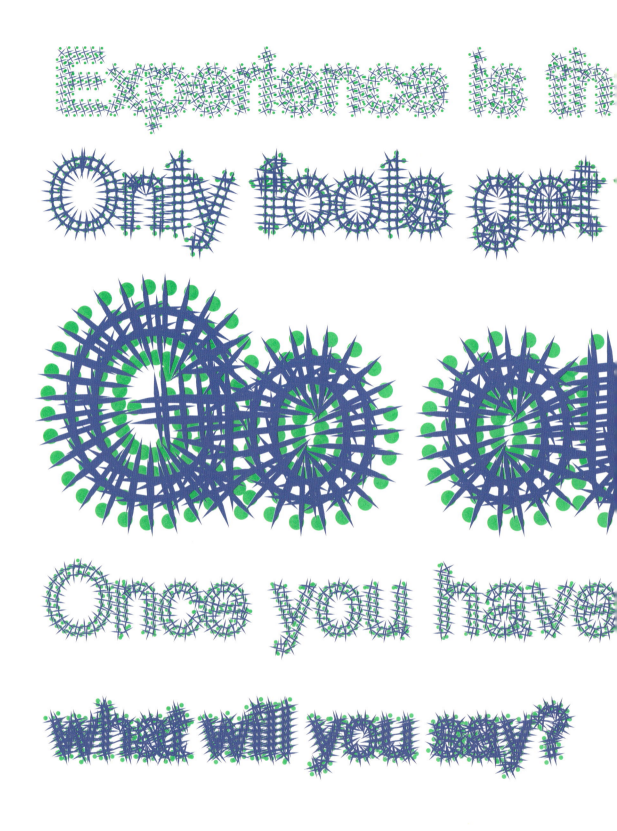

→ P_3_2_1_02　アウトライン上の要素を拡大縮小したり回転したりすることで、生成される文字形状を無限に調節できます。

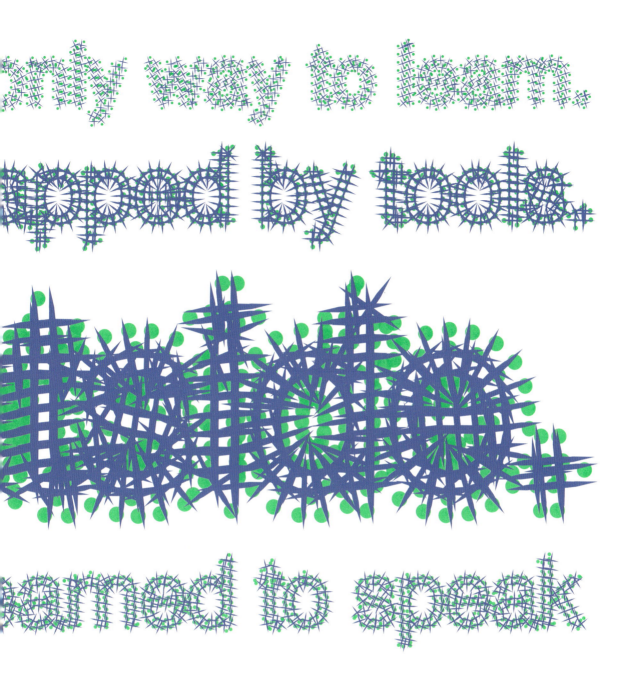

Jonathan Harris

P.3.2.2 フォントアウトラインの変形

フォントアウトラインを単純な直線や曲線の構成物ではなく、コントロール可能な要素で組み立てることができたら、フォントの基本的枠組みからより解放されます。基本となるすべての点を特別にあしらえたベジェ曲線でつなげます。この方法は、数多くある新たなフォントをすばやく生成する方法のうちの1つにすぎません。

→ P_3_2_2_01

テキストアウトライン上の点をベジェ曲線でつなぎます。カーブの形状はマウスでインタラクティブにコントロールできます。

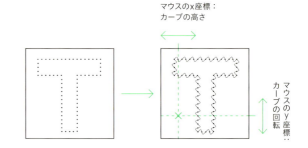

→ P_3_2_2_01 ベジェ曲線の高さと回転のさまざまな設定。

```
    function draw() {
      ...
      if (textTyped.length() > 0) {
        ...
1       var addToAngle = map(mouseX, 0, width, -PI, +PI);
        var curveHeight = map(mouseY, 0, height, 0.1, 2);

2       for (var i = 0; i < path.commands.length-1; i++) {
          var pnt0 = path.commands[i];
          var pnt1 = path.commands[i+1];
          var d = dist(pnt0.x, pnt0.y, pnt1.x, pnt1.y);

3         if (d > 20) continue;

4         var stepper = map(i%2, 0, 1, -1, 1);
          var angle = atan2(pnt1.y-pnt0.y, pnt1.x-pnt0.x);
          angle = angle + addToAngle;

          var cx = pnt0.x+cos(angle*stepper)*d*4*curveHeight;
          var cy = pnt0.y+sin(angle*stepper)*d*3*curveHeight;

5         bezier(pnt0.x,pnt0.y, cx,cy, cx,cy, pnt1.x,pnt1.y);
        }
      }
    }

      マウス： x座標：カーブの回転
             y座標：カーブの高さ
      キー：  キーボード：テキスト入力
             DEL：文字の削除
             ALT：塗りのモードの切り替え
             CTRL：画像を保存
```

[1] 変数addToAngleとcurveHeightをマウスのx座標とy座標から計算し、ベジェ曲線の回転と高さをコントロールします。

[2] 1つ目の点から最後から1つ前の点まで処理していきます。毎回、現在の点から次の点までの距離を計算します。

[3] 距離が20より大きい場合はループを中断し、線を引きません。ライブラリがテキスト全体の点を連続した点として提供するため、このようにして文字と文字のあいだには線を引かないようにします。

[4] ベジェ曲線をジグザグにするために、変数stepperに-1と1の値を交互に作って入れます。この値を使ってベジェ曲線の制御点cx、cyを計算しています。

[5] ベジェ曲線を描くには、4つの点を指定する必要があります。最初の点と最後の点、そして2つの制御点です。計算した制御点をここでは2度使っています。

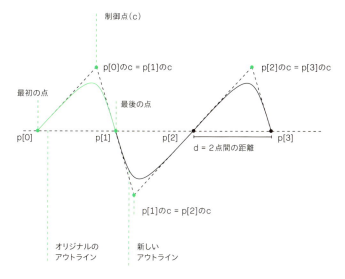

新しいアウトラインが、オリジナルのアウトラインの周辺で波打っています。このカーブは複数のベジェ曲線からできています。それぞれのベジェ曲線は、最初の点と最後の点と、2つの制御点で定義されます。ここでは、2つの制御点が同じ値をもっています。例えば、p[0]のcとp[1]のcは同一です。

→ P_3_2_2_01 マウスの位置で、ベジェ曲線の形状が決まります。ALTキーで塗りのある曲線に切り替えることができます。

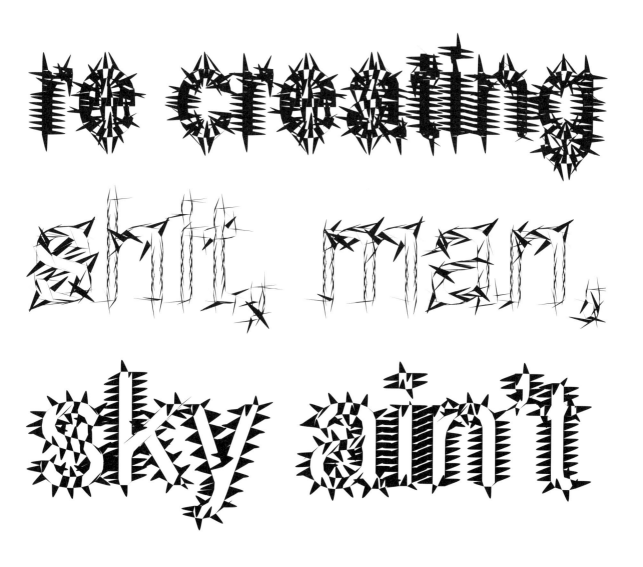

P.3.2.3　エージェントが作るフォントアウトライン

それが文字だといつまで認識できるでしょう？　ここでは、文字のアウトラインを形状のスタート地点として使います。ひとつひとつの点がダムエージェントのように動きます。時間が経つにつれて文字が判読できなくなり、新しい形状が生まれます。

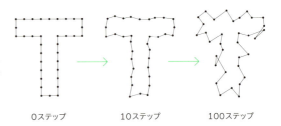

→ P_3_2_3_01

この作例でもフォントアウトラインから点を生成します。それぞれの点がダムエージェントとして動きますが、両隣の点とはつながったままです。

0ステップ　　10ステップ　　100ステップ

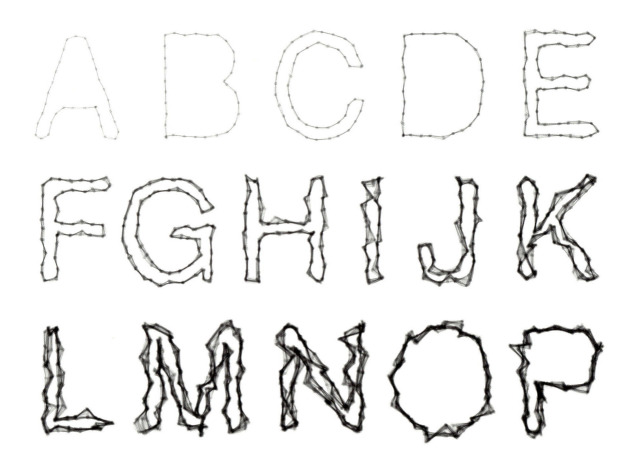

→ **P_3_2_3_01** キーを押さずにいる時間が長いほど、文字の変形が積み重なっていきます。

```
function draw() {
  ...
  translate(letterX, letterY);

  danceFactor = 1;
  if (mouseIsPressed && mouseButton == LEFT)
              danceFactor = map(mouseX, 0, width, 0, 3);

  if (pnts.length > 0) {
    for (var i = 0; i < pnts.length; i++) {
      pnts[i].x += random(-stepSize, stepSize)
                 * danceFactor;
      pnts[i].y += random(-stepSize, stepSize)
                 * danceFactor;
    }

    strokeWeight(0.1);
    stroke(0);
    beginShape();
    for (var i = 0; i < pnts.length; i++) {
      vertex(pnts[i].x, pnts[i].y);
      ellipse(pnts[i].x, pnts[i].y, 7, 7);
    }
    vertex(pnts[0].x, pnts[0].y);
    endShape();
  }

  pop();
}
```

1 文字を描く前に、座標系の原点を現在の文字入力位置に移動します。

2 マウスボタンを押しているあいだは、マウスのx座標が大きくなるほど、変数 danceFactor の値を大きくします。

3 反復ステップのたびに、ランダムな値を点の位置に加えます。変数 danceFactor の値を掛けて、動きを加速しています。

4 点同士を直線でつなぎます。

5 最後に、1つ目の点に線を引いて、アウトラインを閉じます。

マウス： 左クリック＋x座標：変形速度
キー： キーボード：テキスト入力
       ALT：動きの停止/再開
       DEL：ディスプレイ領域を消去
       CTRL：画像を保存

P.3.2.4　並走するフォントアウトライン

グリッド構造の重なりが作るモアレ効果によって、視覚的なイリュージョンがフォントアウトラインに影響を及ぼし、フォントのボリューム感を変化させます。それはまるで、フォントから解放され、自らの人生を歩み出す彫刻のようです。

→ P_3_2_4_01

出発点は、文字のフォントアウトラインです。多数ある短い区間で、それぞれ同じ計算処理を行います。区間を90°回転し、適切な長さにします。その結果、オリジナルのパスに並走するパスができあがります。間隔を徐々に空けながら何度か繰り返すと、グリッド構造が作られます。

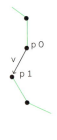
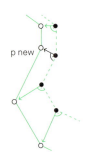
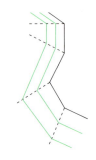

区間に分解されたオリジナルのパス　　長さを変えて、90°回転した区間。　　多数の並走するパス

→ P_3_2_4_01　3つ異なる小文字のa。フォントアウトラインが徐々に単純化されていきます。

```
function createLetters() {
  letters = [];
  var chars = textTyped.split('');

  var x = 0;
  for (var i = 0; i < chars.length; i++) {
    if (i > 0) {
      var charsBefore = textTyped.substring(0, i);
      x = font.textBounds(charsBefore, 0, 0, fontSize).w;
    }
    var newLetter = new Letter(chars[i], x, 0);
    letters.push(newLetter);
  }
}


function Letter(char, x, y) {
  this.char = char;
  this.x = x;
  this.y = y;

  Letter.prototype.draw = function() {
    var path = font.textToPoints(
                   this.char, this.x, this.y, fontSize,
                   {sampleFactor: pathSampleFactor});
    stroke(shapeColor);

    for (var d = 0; d < ribbonWidth; d += density) {
      beginShape();

      for (var i = 0; i < path.length; i++) {
        var pos = path[i];
        var nextPos = path[i + 1];

        if (nextPos) {
          var p0 = createVector(pos.x, pos.y);
          var p1 = createVector(nextPos.x, nextPos.y);
          var v = p5.Vector.sub(p1, p0);
          v.normalize();
          v.rotate(HALF_PI);
          v.mult(d);
          var pnew = p5.Vector.add(p0, v);
          curveVertex(pnew.x, pnew.y);

        }
      }

      endShape(CLOSE);
    }
  }
}
```

マウス： x座標：フォントアウトラインの単純化
　　　　 y座標：帯の幅
キー： ←／→：線の密度を変更する
　　　　 ↓／↑：フォントサイズを変更する

1 プログラムの開始時と入力テキストの変更時に、`createLetters()`関数を呼び出します。

2 `split()`で入力テキストを分割して、1文字ずつの配列`chars`を作ります。

3 文字のx座標を調べるために、`substring()`を使って入力テキストの最初から現在の文字の直前までの部分文字列を取り出して、`textBounds()`関数を使って部分文字列の幅wを計算します。

4 個々の文字を収める`Letter`クラスのインスタンスを作って、配列`letters`に追加します。

5 `Letter`クラスには`draw()`関数があり、メインプログラムからフレームごとに呼び出されます。この関数内で、フォントアウトラインを何度も内側へ移動しています。

6 `textToPoints()`関数で文字`char`を点の配列に変換します。

7 このループでそれぞれのパスを描画します。ループ中、変数dには描くパスとオリジナルのパスのあいだの距離が入ります。

8 2つの連続する位置を配列`path`から取り出します。

9 `nextPos`が空でなければ（つまり、まだパスの終端に辿り着いていなければ）、2つの位置を`createVector()`関数で`p5.Vector`型の値に変換します。

10 `sub()`関数で2つの点の差を計算して、vに保存します。

11 ベクトルvを`normalize()`で長さ1の単位ベクトルに正規化して、`rotate()`で90°回転してからdを掛けます。

12 移動したパスの位置は、p0にvを足すと得られます。

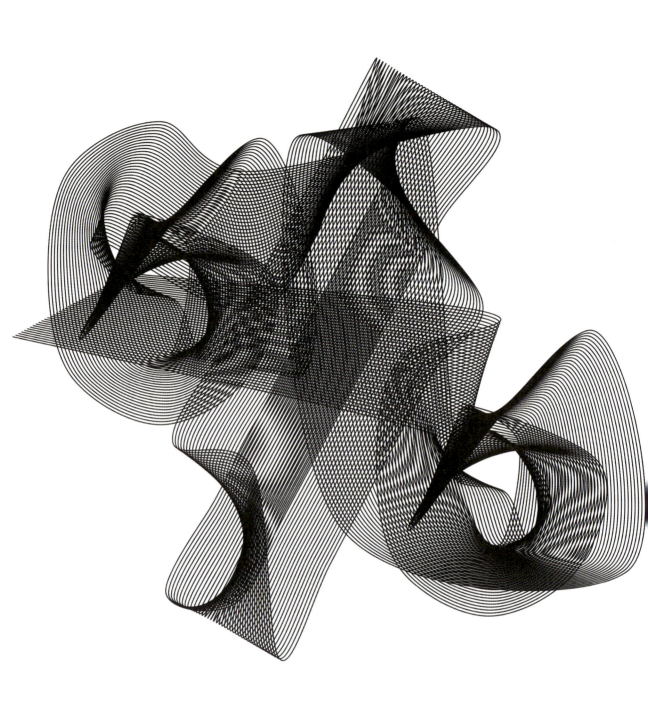

→ P_3_2_4_01 パーセント、プラス、アスタリスク、セクションサイン（% + * §）の4種の記号。アウトラインが大幅に単純化された結果、装飾的な模様が生まれています。

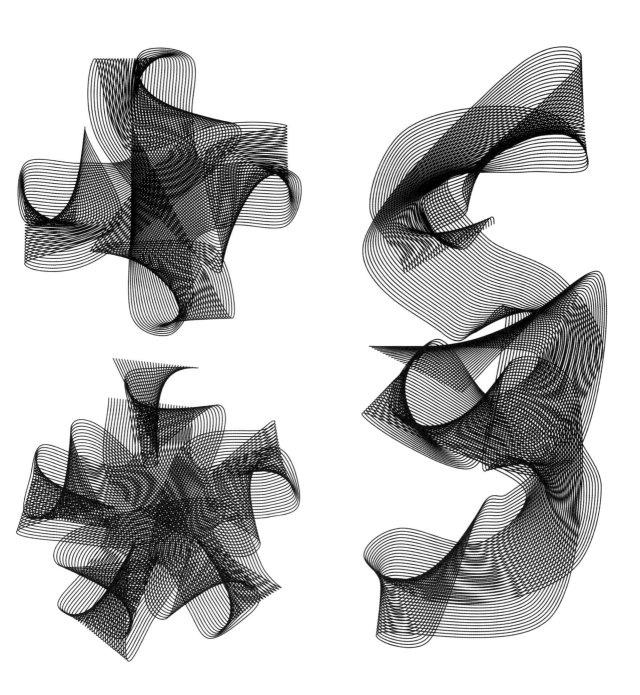

P.3.2.4 並走するフォントアウトライン

P.3.2.5 動きのあるフォント

ここでフォントアウトラインは自らの意思で行動を起こします。文字としての本来の役割を保ちつつも、可読性に配慮することなく、文字はパターンに変化します。継続する動きの中で変化が活発になり、文字はいつ形になるのか？と疑問を投げかけます。

→ P_3_2_5_01

一般的に、新たに生成される乱数は、本当にランダムな値です。ところがアニメーションで乱数を使うと、がたついた動きになってしまいます。この問題を解決するにはパーリンノイズを利用します。このランダム値の計算方法では、ある値とその次の値が大きく変わらないように値を生成します。

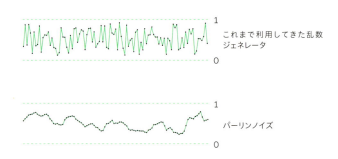

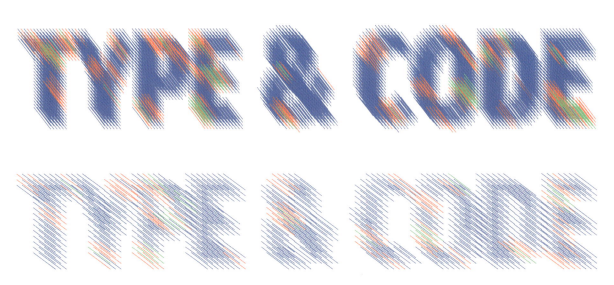

→ P_3_2_5_01 回転する線。線が重なり合ったり長くなったりします。

```
1  function setupText() {
     textImg = createGraphics(width, height);
     textImg.pixelDensity(1);
     textImg.background(255);
     textImg.textFont(font);
     textImg.textSize(fontSize)
2    textImg.text(textTyped, 100, fontSize + 50);
3    textImg.loadPixels();
   }


   function draw() {
     background(255);

     nOff++;

     for (var x = 0; x < textImg.width; x+=pointDensity) {
       for (var y = 0; y < textImg.height; y+=pointDensity)
   {
4        var index = (x + y * textImg.width) * 4;
5        var r = textImg.pixels[index];

         if (r < 128) {

           if(drawMode == 1){
             strokeWeight(1);

             var noiseFac = map(mouseX, 0,width, 0,1);
             var lengthFac = map(mouseY, 0,height, 0.01,1);

6            var num = noise((x+nOff) * noiseFac,
                             y * noiseFac);
7            if (num < 0.6) {
               stroke(colors[0]);
             } else if (num < 0.7) {
               stroke(colors[1]);
             } else {
               stroke(colors[2]);
             }

             push();
             translate(x, y);
             rotate(radians(frameCount));
8            line(0, 0, fontSize * lengthFactor, 0);
             pop();
           }
           ...
         }
       }
     }
   }
```

マウス： x/y座標：さまざまなパラメータ（描画モードによる）
キー： キーボード：テキスト入力
        ←/→：描画モードの変更
        ↓/↑：点の密度を変更
        DEL：ディスプレイ領域を消去
        CTRL：画像を保存

1 テキストを変更するたびに、**setupText()**関数を呼び出します。この関数内では**createGraphics()**で、いわゆるオフスクリーン・グラフィックを作成しています。オフスクリーンは表示されない画像で、メモリ内だけに存在します。

2 入力テキスト**textTyped**を、前の行で設定したフォントの種類とサイズで、オフスクリーン画像に書きます。

3 あとでそれぞれのピクセル値を取り出せるように、**loadPixel()**関数を呼ぶ必要があります。

4 画像のカラー値は、ひと連なりの値の配列に保存されています。そのため、ピクセルのカラー値を取り出すには、xとyから計算したインデックス番号が必要になります。1つのピクセルは4つの値（赤、緑、青、透明度）から構成されていることから、係数4を掛ける必要があります。

5 テキストを書いた画像は、白と黒と少数のグレーのピクセルだけで構成されています。そのため、ピクセルの赤の値rが一定のしきい値を下回るかどうかをチェックするだけで十分です。下回っていたら、そのピクセルは暗いピクセルだとわかります。

6 線に色をつけるためにランダム値が必要です。画像がチカチカしないように、**random()**関数ではなく**noise()**を使います。**noise()**では、山並みのようになだらかに変化する乱数を生成します。**noise()**関数には2つのパラメータを渡します。ここでは、1つ目のパラメータにxによって変化する値を、2つ目のパラメータにyによって変化する値を渡しています。変数nOffは1つずつ増え続けていて、この変数のおかげで乱数によるアニメーションが実現できています。

7 numの値によって、事前に定義された3色の中から1色を選択します。

8 事前に移動し回転した座標系の上で、水平の線を引きます。

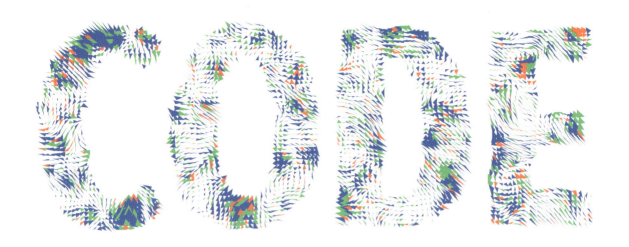
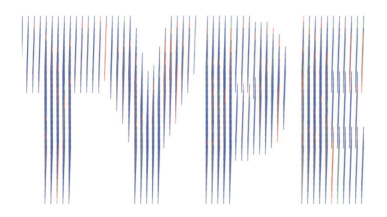
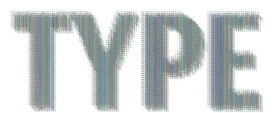
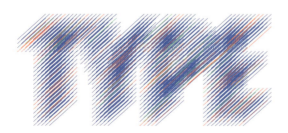
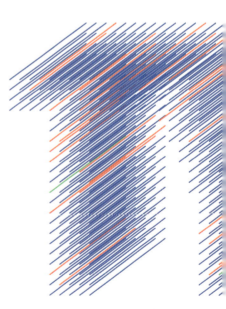

→ **P_3_2_5_01** から → **P_3_2_5_03**　プログラムの3つすべてのバージョンのパラメータ調整による
バリエーション。文字の形がさまざまな方法で生成されています。ピクセルベースの描画（バージョン01）、
完全にプログラムによるもの（バージョン02）、フォントアウトラインを使ったもの（バージョン03）。

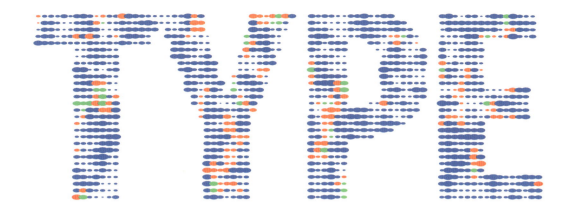
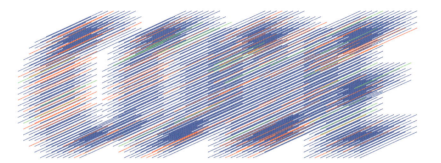
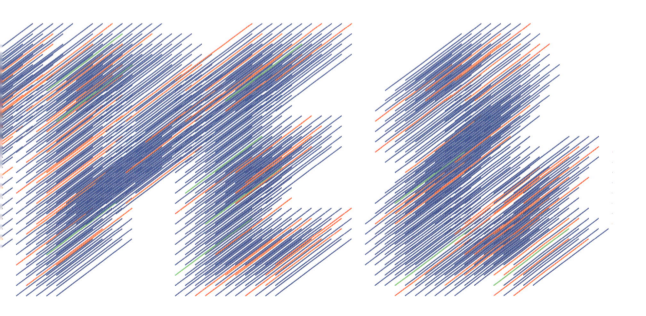

P.3.2.5 動きのあるフォント

189

Image　画像

前のチャプターでは、テキストをどのように分解できるかを見て、分解して得られた単語や文字、さらにアウトライン上の点といった要素で実験しました。テキストやフォントでできたことが、画像でも同じように操作できます。画像の一部分をコピーしたり、大量の画像からコラージュを制作したり、デジタル画像の情報の最小単位であるピクセルを新たな視覚世界の基礎にしたりできるのです。

P.4　画像	**190**
P.4.0　HELLO, IMAGE	192
P.4.1　切り抜き	194
P.4.1.1　グリッド状に配置した切り抜き	194
P.4.1.2　切り抜きのフィードバック	198
P.4.2　画像の集合	200
P.4.2.1　画像の集合で作るコラージュ	200
P.4.2.2　時間ベースの画像の集合	204
P.4.3　ピクセル値	206
P.4.3.1　ピクセル値が作るグラフィック	206
P.4.3.2　ピクセル値が作る文字	212
P.4.3.3　リアルタイムのピクセル値	216
P.4.3.4　ピクセル値が作る絵文字	222

P.4.0　HELLO, IMAGE

デジタル画像は、小さなカラータイルの集合にすぎません。この小さな要素にダイレクトに、動的に、自動的にアクセスすることで、新たな画像構成の世界が広がります。次のプログラムを使って、独自の画像編集ツールを作成できます。

→ P_4_0_01

画像を読み込んで、マウスで変化するグリッドに表示します。グリッドの各タイルに、元の画像を伸縮させたコピーを貼ります。

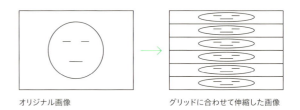

オリジナル画像　　　　　　　　　グリッドに合わせて伸縮した画像

オリジナル画像

→ P_4_0_01　オリジナル画像を何度もコピーして極端に引き伸ばすと、抽象的な画像ができあがります。

[1]
```
var img;

function preload() {
  img = loadImage('data/image.jpg');
}


function draw() {
```
[2]
```
  var tileCountX = mouseX / 3 + 1;
  var tileCountY = mouseY / 3 + 1;
  var stepX = width / tileCountX;
  var stepY = height / tileCountY;
  for (var gridY = 0; gridY < height; gridY += stepY) {
    for (var gridX = 0; gridX < width; gridX += stepX) {
```
[3]
```
      image(img, gridX, gridY, stepX, stepY);
    }
  }
}
```

マウス： x座標：水平方向のタイル数
　　　　 y座標：垂直方向のタイル数
キー：　 S：画像を保存

[1] preload()関数内で画像を読み込みます。ここで読み込んでおくことで、setup()やdraw()を呼び出される前に、確実に読み込みが完了しています。

[2] マウスの位置でタイルの数tileCountXとtileCountYが決まり、タイルの幅stepXと高さstepYも決まります。

[3] image()関数で画像を描きます。画像のグリッドの左上隅を(gridX,gridY)にし、画像の幅と高さをタイルの幅stepXと高さstepYにします。

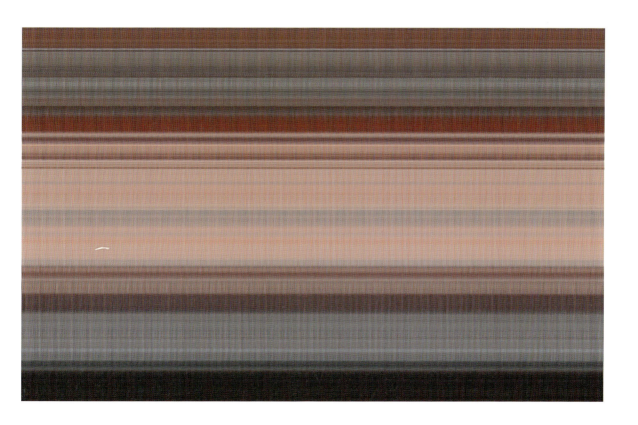

P.4.0 HELLO, IMAGE

P.4.1.1 グリッド状に配置した切り抜き

前の作例とほとんど同じ原理ながら、まったく新しい世界が広がっています。画像全体の代わりに、一部分だけを切り抜いてタイリングすると、画像のディテールと細かな構造がパターンを生成するようになります。切り抜く部分をランダムに決めると、さらに興味深い結果が得られます。

→ P_4_1_1_01

マウスを使って、ディスプレイ領域の画像の一部分を選択します。マウスボタンを離すと、選択部分を複数コピーして配列に収め、グリッドに配置します。このプログラムには2つのバージョンがあります。1つ目は、すべてのコピーを同一の部分から切り抜きます。2つ目は、切り抜く部分を毎回ランダムに少しずらします。

その1：ランダムなずれなし　　その2：ランダムなずれあり

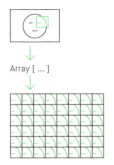
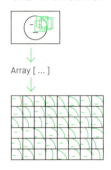

オリジナル画像

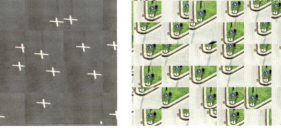

→ P_4_1_1_01 切り抜いた画像を何度もコピーして移動すると、抽象的な画像ができあがります。

P.4 画像　　194

```
[1]  function cropTiles() {
       tileWidth  = width / tileCountY;
       tileHeight = height / tileCountX;
[2]    imgTiles = [];

       for (var gridY = 0; gridY < tileCountY; gridY++) {
         for (var gridX = 0; gridX < tileCountX; gridX++) {
[3]        if (randomMode) {
             cropX = int(random(mouseX - tileWidth / 2,
                                mouseX + tileWidth / 2));
             cropY = int(random(mouseY - tileHeight / 2,
                                mouseY + tileHeight / 2));
           }
[4]        cropX = constrain(cropX, 0, width - tileWidth);
           cropY = constrain(cropY, 0, height - tileHeight);
[5]        imgTiles.push(img.get(cropX, cropY,
                                 tileWidth, tileHeight));
         }
       }
     }
```

マウス： x/y座標：切り抜き部分の位置
　　　　 左クリック：切り抜き部分のコピー
キー：　 1-3：切り抜きサイズの切り替え
　　　　 R：ランダム on/off
　　　　 S：画像を保存

[1] このプログラムの核心は`cropTiles()`関数です。ここで画像を切り抜いて、切り抜き部分を複数コピーして配列に収めます。

[2] 切り抜き部分を入れる配列`imgTiles`を空の配列として初期化します。

[3] 2つ目のバージョン（`randomMode`が`true`）を利用していたら、`cropX`と`cropY`の値をマウス位置の周辺からランダムに選びとります。

[4] `constrain()`関数を使って、切り抜き部分が画像からはみ出さないようにする必要があります。

[5] 最後に、`get()`で画像`img`から該当部分をコピーして配列に収めます。

→ P_4_1_1_01 小さな切り抜き部分を増殖させると、一目見ただけでは画像の一部分とは思えないリズミカルな構造を作り上げることができます。

→ P_4_1_1_01 1キーから3キーを使って、異なるサイズの画像を切り抜くことができます。この作例では大きな切り抜きなのでモチーフを細部まではっきりと判別できますが、遠近感がぐらついて見えます。

P.4.1.1 グリッド状に配置した切り抜き

P.4.1.2 切り抜きのフィードバック

よく知られているフィードバックの例に、ビデオカメラがテレビ画面を向いていて、画面にはこのカメラが撮影している映像が映っている、というものがあります。しばらくすると、テレビ画面には無限に繰り返しながら歪んでいくパターンが現れます。この原理をシミュレートすると、さらに複雑性を飛躍させることができます。繰り返しコピーしたものを重ね合わせることで、断片的な画像による構成が生まれます。

→ P_4_1_2_01

まず画像を読み込んで、ディスプレイ領域に表示します。反復するたびに、画像の一部分をランダムに選択された位置にコピーします。できあがった画像が、今度は次のステップの元画像になります。こうしたプロセスが、あらゆるフィードバックの原理です。

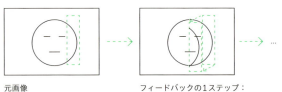

元画像　　　　　　　　　　フィードバックの1ステップ：
　　　　　　　　　　　　　この結果が次の元画像になる

→ **Photo：Stefan Eigner** オリジナル画像「地下鉄トンネル」。

→ **P_4_1_2_01** プログラムの開始直後は、モチーフを簡単に判別できます。やがて細切れの画像が積み重なり、モチーフがどんどんわからなくなっていきます。

P.4 画像　　　　　　　　　　　　　　　　　　　　　　　　　　　　　　　　198

|1|
```
function setup() {
  createCanvas(1024, 780);
  image(img, 0, 100);
}
```

|2|
```
function draw() {
  var x1 = floor(random(width));
  var y1 = 0;

  var x2 = round(x1 + random(-7, 7));
  var y2 = round(random(-5, 5));

  var w = floor(random(10, 40));
  var h = height;
```
|3|
```
  set(x2, y2, get(x1, y1, w, h));
}
```

キー：　DEL：ディスプレイ領域を消去
　　　　S：画像を保存

|1| `image()`関数を使ってディスプレイ領域の上から100ピクセルの位置に、読み込み済みの画像を配置します。

|2| コピーする部分のx座標`x1`、ターゲットの座標（`x2`, `y2`）、幅`w`を、すべてランダムに決めます。

|3| `get()`でコピーした画像の一部を、`set()`で新たな位置（`x2`, `y2`）にペーストします。

| P.4.2.1 | 画像の集合で作るコラージュ

ここでは、自分の写真アーカイブが表現の素材になります。このプログラムでは、フォルダ内の画像を貼り合わせてコラージュを作ります。コラージュ要素は新たに再構成されるだけなので、素材画像の意味に応じて、切り抜いたり重ね順を決めたりすることが特に重要になります。

→ P_4_2_1_01

フォルダ内のすべての画像を動的に読み込み、3つのレイヤーの中の1つに割り当てます。こうすることで、意味をもったグループとして別々に扱うことができます。例えば、コラージュを作るときに、それぞれのレイヤーの位置、回転、サイズをいろいろと変えることができます。レイヤーの順序には気をつけてください。1番目のレイヤーは最初に描かれるので、背景になります。

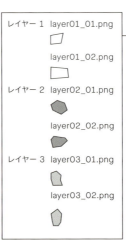

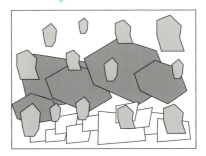

フォルダ内のすべての画像を読み込み、指定したパラメータに従ってランダムに配置します。

「layer01_01.png」などのファイル名をもとに、画像をレイヤーに割り当てます。

ここでは、レイヤー3に小さな要素が大量に生成される一方で、レイヤー2には大きな要素が少しだけ作られます。

→ P_4_2_1_01　→ Image：Andrea von Danwitz　この画像は3つのレイヤーで構成されています。レイヤー1は紙くず、レイヤー2は空、レイヤー3は植物と道路の要素からなります。

レイヤーの画像を入れ替えたりパラメータを変更したりすると、まったく新しいコラージュをすぐに作れます。

```
1    var layer1Images = [];
     var layer2Images = [];
     var layer3Images = [];

     var layer1Items = [];
     var layer2Items = [];
     var layer3Items = [];


     function setup() {
       ...
2      layer1Items = generateCollageItems(
             layer1Images, 100, width / 2, height / 2,
             width, height, 0.1, 0.5, 0, 0);
       layer2Items = generateCollageItems(
             layer2Images, 150, width / 2, height / 2,
             width, height, 0.1, 0.3, -HALF_PI, HALF_PI);
       layer3Items = generateCollageItems(
             layer3Images, 110, width / 2, height / 2,
             width, height, 0.1, 0.4, 0, 0);

3      drawCollageItems(layer1Items);
       drawCollageItems(layer2Items);
       drawCollageItems(layer3Items);
     }


4    function CollageItem(image) {
       this.image = image;
       this.x = 0;
       this.y = 0;
       this.rotation = 0;
       this.scaling = 1;
     }

       キー：  1-3：3つのレイヤーの中の1レイヤーをランダムに再配置
               S：画像を保存
```

1 画像を読み込んでコラージュ要素をレイアウトするために、複数の配列が必要です。例えば、`layer1Images`にはレイヤー1用に読み込んだ画像を保存します。あとでこの配列を使ってコラージュ要素を作ります。

2 `generateCollageItems()`関数で、レイヤー配列（`layer1Items`など）にコラージュ要素を入れます。この関数のパラメータで、使用する画像、生成する要素の数、位置、ばらつき具合、拡大縮小率、回転角度の各値の範囲を指定します。ここでは、`layer1Item`配列内の画像を使用し、100個のコラージュ要素を生成しています。すべての要素は（width/2,height/2）の位置に置かれ、widthとheightの範囲でばらつきます。0.1倍から0.5倍までの範囲で拡大縮小し、回転はしません。

3 `drawCollageItems()`関数で1つのレイヤーを描画します。関数を呼び出す順序によって、最終的なコラージュの構造が決まります。`layer1Items`の画像が背景になり、`layer3Items`の画像が前面に出ます。

4 コラージュ要素のすべてのプロパティは、`CollageItem`クラスにまとめられています。

→ P_4_2_1_02　→ Image：Andrea von Danwitz　このプログラムのバージョン2では、画像の切り抜きを指定した点を中心にして放射状に配置することができます。レイヤーごとに、画像が配置される角度や中心からの距離を指定することができます。

P.4 画像

202

P.4.2.1 画像の集合で作るコラージュ

P.4.2.2 時間ベースの画像の集合

この作例では、動画の内部構造が可視化されます。ビデオファイルから読み取った個々の画像を一定時間おきに並べます。配置された画像が、ビデオファイル全体のダイジェスト版となり、映像のカットや場面転換のリズムを可視化しています。

→ P_4_2_2_01

グリッドに収めるために、ビデオの全体の再生時間から一定時間おきに画像を読み取ります。60秒間のビデオと20枚のタイルをもつグリッドの場合は、画像と画像の間隔が3秒になります。

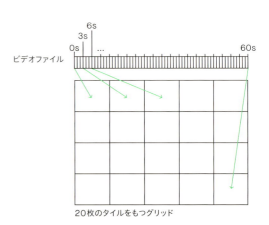

```
1  function draw() {
     if(movie.elt.readyState == 4) {
       var posX = tileWidth * gridX;
       var posY = tileHeight * gridY;

       image(movie, posX, posY, tileWidth, tileHeight);

       currentImage++;
2      var nextTime = map(currentImage, 0, imageCount,
                          0, movie.duration());
3      movie.time(nextTime);

4      gridX++;
       if (gridX >= tileCountX) {
         gridX = 0;
         gridY++;
       }
5      if (currentImage >= imageCount) noLoop();
     }
   }
```

キー： S：画像を保存

[1] draw()を実行するたびに、ビデオから画像を読み取ってグリッドに表示します。再生時間0秒時点の最初の画像はすぐに配置できます。

[2] 次に読み取るビデオの時間（nextTime）を計算します。変数currentImage（0からimageCountまでの値）を、0からビデオ全体の再生時間までの秒数に変換しています。

[3] time()で、ビデオを新たに計算した時間に移動します。

[4] 次のタイルを定義するため、gridXを1つ増やします。行の終わりまできた場合は、gridXを0にしてgirdYを1つ増やすことで、次の行の最初の画像に移動します。

[5] すべてのタイルが画像で埋まっていたら、プログラムを停止します。

→ P_4_2_2_01 シュトゥッツガルト中央駅に向かう鉄道から撮影した2分30秒のビデオクリップから読み取った55枚の画像。

P.4.3.1　ピクセル値が作るグラフィック

ここでは、画像の最小要素であるピクセルを、ポートレートを構成する出発点として使います。ひとつひとつのピクセルがカラー値だけの存在になります。このカラー値によって、線の太さ、回転角度、幅、高さ、面積といったデザインのパラメータを調整します。そのため、ピクセルは新たなグラフィック表現に完全に置き換えられ、ポートレートが現実から少し離れます。

→ **P_4_3_1_01**

画像のピクセルを順次解析して、他のグラフィック要素に置き換えます。ここで重要なのは、ピクセルのカラー値（RGB）を、対応するグレー値に変換していることです。なぜなら元のRGB値よりもグレー値のほうが、線の太さといったデザイン上の特徴に適用しやすいからです。元画像の解像度をあらかじめ落としておくことをおすすめします。

→ **P_4_3_1_01**　→ **Photo : Tom Ziora**　各ピクセルのオリジナルのカラー値をそのまま使いながら、ピクセルのグレー値で円の直径を決めています。

[1]
```
    for (var gridX=0; gridX<img.width; gridX++) {
      for (var gridY=0; gridY<img.height; gridY++) {
        var tileWidth = width / img.width;
        var tileHeight = height / img.height;
        var posX = tileWidth * gridX;
        var posY = tileHeight * gridY;

        img.loadPixels();
```
[2]
```
        var c = color(img.get(gridX, gridY));
```
[3]
```
        var greyscale = round(red(c) * 0.222 +
                 green(c) * 0.707 + blue(c) * 0.071);
```
[4]
```
        switch (drawMode) {
          case 1:
            var w1 = map(greyscale, 0, 255, 15, 0.1);
            stroke(0);
            strokeWeight(w1 * mouseXFactor);
            line(posX, posY, posX + 5, posY + 5);
            break;
          case 2:
            ...
        }
      }
    }
```

マウス： x/y座標：さまざまなパラメータ（描画モードによる）
キー： S：画像を保存

[1] オリジナル画像の幅と高さで、グリッドの解像度を決めます。

[2] 現在のグリッド位置（画像）のピクセルの色を調べます。

[3] グレー値を計算するとき、赤、緑、青の各色の値に個別に重みづけを設定しています。色の表示のされ方と知覚のされ方は違うので、絶対的に正しい重みづけは存在しません。このグレー値を使って、後ほど個々のパラメータをコントロールしています。

[4] このプログラムには複数の描画モードdrawModeがあり、水平方向のマウス位置によっても描画内容が変化します。水平方向のマウス位置の値は、事前に0.05から1までの値に変換されていて、変数mouseXFactorとして利用できます。

P.4.3.1　ピクセル値が作るグラフィック

→ P_4_3_1_01 グレー値で要素のサイズ、線の太さ、回転角度、位置を決めています。

→ P_4_3_1_01 右ページの描画モード（9キー）では、それぞれのピクセルを、変わった色がついた複数の要素で表現しています。

P.4 画像

208

→ P_4_3_1_02 ここでは、いろいろな明るさのピクセルをSVGグラフィックに置き換えています。陰影をできるだけリアルに対応づけるため、はじめに明度によってSVGファイルを並び替えておく必要があります。

P.4.3.1 ピクセル値が作るグラフィック

P.4.3.2　ピクセル値が作る文字

テキスト画像は、いろいろな見方ができます。テキストの意味通りに読むことも、少し離れたところから眺めてイメージとして見ることもできます。ここでは、画像のピクセルが文字の表現をコントロールしています。各文字のサイズが、オリジナル画像のピクセルのグレー値によって変わるため、メッセージをもたせることができます。

→ P_4_3_2_01

文字列は1文字ずつ処理され → P.3.1.1/P.3.1.2 、左から右へと1行ずつ構築されます。それぞれの文字を描画する前に、文字の位置（ディスプレイ領域上の座標）を、オリジナル画像内の対応するピクセル（画像内の座標）に変換します。こうすることで、オリジナル画像のすべてのピクセルではなく、対応するピクセルだけを読み取ります。ピクセルの色はグレー値に変換され、フォントサイズなどに適用されます。

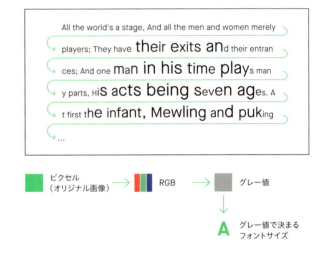

→ P_4_3_2_01　ピクセルの色で、文字のサイズか色、またはその両方を指定することができます。

```
function draw() {
  ...
  var x = 0;
  var y = 10;
  var counter = 0;

  while (y < height) {
    img.loadPixels();

    var imgX = round(map(x, 0, width, 0, img.width))
    var imgY = round(map(y, 0, height, 0, img.height))
    var c = color(img.get(imgX, imgY));
    var greyscale = round(red(c) * 0.222 +
                          green(c) * 0.707 +
                          blue(c) * 0.071);

    push();
    translate(x, y);

    if (fontSizeStatic) {
      textSize(fontSizeMax);
      if (blackAndWhite) fill(greyscale);
      else fill(c);
    } else {
      var fontSize = map(greyscale, 0, 255,
                         fontSizeMax, fontSizeMin);
      fontSize = max(fontSize, 1);
      textSize(fontSize);
      if (blackAndWhite) fill(0);
      else fill(c);
    }

    var letter = inputText.charAt(counter);
    text(letter, 0, 0);
    var letterWidth = textWidth(letter) + kerning;

    x += letterWidth;

    pop();

    if (x + letterWidth >= width) {
      x = 0;
      y += spacing;
    }

    counter++;
    if (counter >= inputText.length) {
      counter = 0;
    }
  }
  noLoop();
}

      キー:   1:文字のサイズモードの切り替え
             2:文字のカラーモードの切り替え
             ↓/↑:最大文字サイズの調整 -/+
             ←/→:最小文字サイズの調整 -/+
             S:画像を保存
```

[1] 描画位置のy座標がディスプレイ領域の高さに収まっている限り、文字を書く処理を続けます。

[2] map()関数で、ディスプレイ領域の座標から画像の座標へと変換しています。x座標の場合、0からディスプレイ領域の幅widthまでの値を、0から画像の幅img.widthまでの値に変換しています。

[3] 選択中のモードfontSizeStatic（1キーか2キー）によって、フォントサイズを固定値fontSizeMaxに設定するか、グレー値に基づいて変化させます。

[4] 問題を引き起こしてしまうので、fontSizeの値を0やマイナスにすることはできません。そこで、max()関数でこの値を少なくとも1以上にしています。

[5] 変数xの値に文字の幅を加えます。

[6] xの値がディスプレイ領域の幅以上になると改行します。yに行間の値を加え、xを0から、つまりディスプレイ領域の左端から再スタートさせます。

→ P_4_3_2_01 オリジナル画像によって文字のサイズと色が決まります。

P.4 画像

214

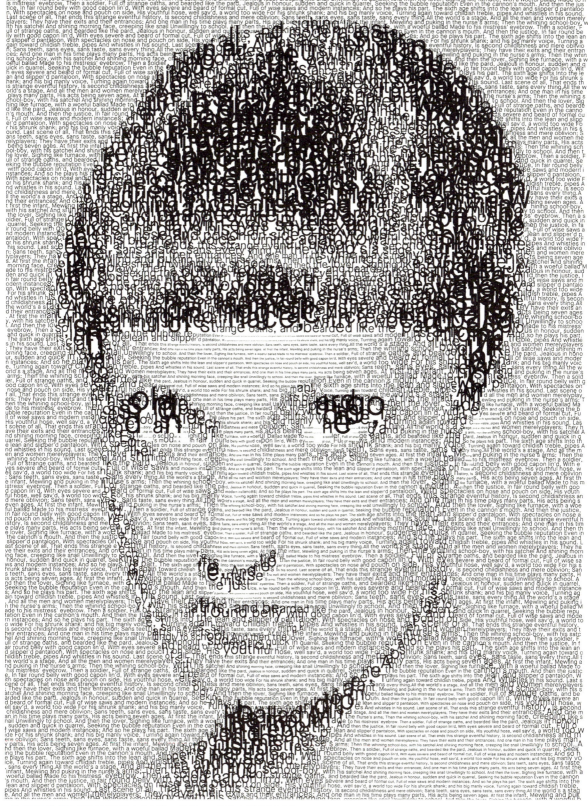

→ P_4_3_2_01　ここでは各ピクセルのグレー値でフォントサイズが決まります。

| P.4.3.3 | **リアルタイムのピクセル値**

ここでもピクセルのカラー値をほかのグラフィック要素に変換しますが、2つの大きな違いがあります。1つ目は、ビデオカメラによる画像なので、ピクセルが常に変化し続けている点。2つ目は、ピクセルを一斉に変換するのではなく、動き回るダムエージェントによって1つずつ変換している点です。カメラでとらえた動きとエージェントの歩みによって、目の前に1枚の絵が描かれていきます。

→ P_4_3_3_01

ダムエージェントがディスプレイ領域を動き回ります。毎回の位置ごとに、現在のリアルタイムビデオ画像のカラー値を解析して、線の色や太さのパラメータとして使います。マウス位置によって、線の長さとエージェントのスピードが決まります。

→ P.2.2.1 ダムエージェント

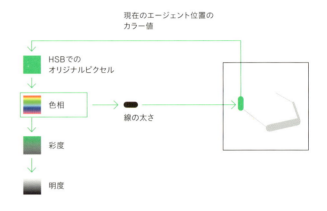

→ P_4_3_3_01　エージェントの軌跡から、徐々に画像ができあがっていきます。

```javascript
function setup() {
  ...
  video = createCapture(VIDEO, function(){        // 1
    streamReady = true
  });
  video.size(width, height);                       // 2
  video.hide();                                    // 3
  ...
}


function draw() {
  if(streamReady) {                                // 4
    for (var j = 0; j <= mouseX / 50; j++) {
      video.loadPixels();

      var pixelIndex = (((video.width - 1 - x)     // 5
                       + y * video.width) * 4);
      var c = color(video.pixels[pixelIndex],
                    video.pixels[pixelIndex + 1],
                    video.pixels[pixelIndex + 2]);

      var cHSV = chroma(red(c), green(c), blue(c)); // 6
      strokeWeight(cHSV.get('hsv.h') / 50);
      stroke(c);

      diffusion = map(mouseY, 0, height, 5, 100);

      beginShape();
      curveVertex(x, y);                            // 7
      curveVertex(x, y);

      for (var i = 0; i < pointCount; i++) {        // 8
        var rx = int( random(-diffusion, diffusion));
        curvePointX = constrain(x + rx, 0, width - 1);
        var ry = int( random(-diffusion, diffusion));
        curvePointY = constrain(y + ry, 0, height - 1);
        curveVertex(curvePointX, curvePointY);
      }

      curveVertex(curvePointX, curvePointY);
      endShape();

      x = curvePointX;                              // 9
      y = curvePointY;
    }
  }
}
```

マウス： x座標：描画速度
         y座標：ばらつき具合
キー：   ↓／↑：カーブポイントの数 -/+
         Q：描画の停止
         W：描画の再開
         S：画像を保存

1 createCapture()関数で、カメラの画像にアクセスするvideo要素を作ります。

2 接続しているビデオカメラのライブ映像を、ディスプレイ領域のサイズに合わせます。

3 hide()関数で、ビデオ映像がディスプレイ領域に自動的に表示されないようにしています。

4 ビデオ信号が利用可能なら、現在のビデオ画像を読み込みます。

5 ビデオ映像のピクセルは1行ずつ順番に番号が振られています。そのため、現在の描画位置（x,y）からピクセルのインデックス番号を計算する必要があります。ユーザーの方向に向いているウェブカメラの場合、ビデオ映像を水平方向に反転すると便利です。video.width-1-xという計算式で反転させています。

6 線の太さを、ピクセルの色相によって調整します。chroma.jsライブラリがRGB値からHSV値への変換を手助けしてくれます。

7 ここから線の要素を描きます。最初の点は現在の描画位置にします。curveVertex()で描く曲線では、最初と最後の点が描かれないため、2回実行しています。

8 変数pointCountで、指定するカーブポイントの数を決めます。デフォルト値は1なので、直線だけを描きます。カーブポイントは描画位置周辺のランダムな位置にします。diffusionの値でこのばらつき具合を指定しています。

9 最後のカーブポイントを、新しい描画位置として指定します。

→ P_4_3_3_01 カメラの前にいる人々が動くことで、動きの軌跡が画像に残ります。線の長さがドローイング中に変化したため、画像が細かくなったり抽象的になったりしています。

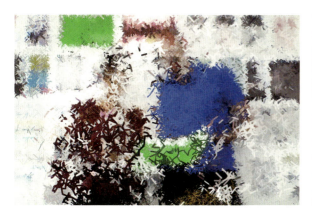

P.4.3.3 リアルタイムのピクセル値

→ P_4_3_3_02 このバリエーションでは、3つのエージェントがディスプレイ領域を動き回ります。1つ目のエージェントはピクセルの色相、2つ目はピクセルの彩度、3つ目はピクセルの明度で、それぞれの線の太さを決めています。

→ P_4_3_3_02 カメラの前で対象が動くと、ランダムな、ただし完全にでたらめではない殴り描きが
現れます。

P.4.3.4 ピクセル値が作る絵文字

表情豊かな絵文字がグリッドの要素に変身します。ショートメッセージで感情を表していた絵文字が、大きな作品の一部分になります。このプログラムでは、絵文字集を元素材にしていて、ピクセル値によってどの絵文字を舞台に上げるかを決めています。

→ P_4_3_3_01

カラー値は、3次元空間内の点として解釈することができます。このプログラムでは、あるカラー値からグループ内のカラー値までの最短距離を求める必要があります。ここでは絵文字の平均色のグループを使っています。こうした探索を行う数学的手法はいろいろあります。特に高速で比較的簡単に使えるものに、kd木（kd-tree）と呼ばれる空間分割データ構造があります。kd木は、kdTree.jsライブラリを利用することで扱えます。

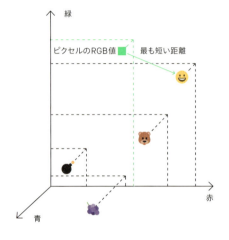

```
[1] <script src="../../libraries/kd-tree/kdTree.js"
            type="text/javascript"></script>
[2] <script src="data/emoji-average-colors.js"
            type="text/javascript"></script>

    var emojis = {
[3]   "1f4a3": {"averageColor": {"r":57, "g":57, "b":52}},
[4]   "1f43b": {"averageColor": {"r":187,"g":111,"b":88}},
[5]   "1f600": {"averageColor": {"r":227,"g":181,"b":70}},
      ...
    }

    function preload() {
      img = loadImage("data/pic.png");
[6]   icons = {};
      for (var name in emojis) {
        icons[name] = loadImage(emojisPath + "36x36/" +
                                name + ".png");
      }
    }
```

[1] このプログラムでは2つの追加スクリプトが必要です。index.htmlで2つのスクリプトを読み込んでいます。

[2] emoji-average-colors.jsには、絵文字ファイルの平均色の情報がファイル名とともに保存されています。平均色の計算は別のプログラムで行います。
→ P_4_3_4_emoji_color_analyser

[3] ファイル 1f4a3.png:

[4] ファイル 1f43b.png:

[5] ファイル 1f600.png:

[6] オブジェクト型の変数iconsの内部にすべての絵文字の画像を読み込み、あとから名前nameを使って画像を呼び出すことができます。

```javascript
function setup(){
    ...
    var colors = [];
    for (var name in emojis) {
      var col = emojis[name].averageColor;
      col.name = name;
      colors.push(col);
    }

    var distance = function(a, b){
      return pow(a.r - b.r, 2) +
             pow(a.g - b.g, 2) +
             pow(a.b - b.b, 2);
    }

    tree = new kdTree(colors, distance, ["r", "g", "b"]);
}


function draw() {
  background(255);

  for (var gridX = 0; gridX < img.width; gridX++) {
    for(var gridY = 0; gridY < img.height; gridY++) {
      var posX = tileWidth * gridX;
      var posY = tileHeight * gridY;

      var c = color(img.get(gridX, gridY));

      var nearest = tree.nearest(
                    {r:red(c), g:green(c), b:blue(c)},
                    1);

      var name = nearest[0][0].name;
      image(icons[name], posX, posY,
                         tileWidth, tileHeight);
    }
  }
  noLoop();
}

    キー:   S:画像を保存
```

7 ここでは最も近い色を探索するための準備をします。2つのものを用意します。1つ目は、点が入った配列colorsです。ここでは、1つの点がカラー値r、g、bで構成されています。colors配列の各要素には、あとで対応する画像ファイルを表示できるように、名前nameも代入しています。

8 2つ目は、2点間の距離の計算方法を定義した関数です。この距離は、RGB色空間における色aと色bをつなぐ線の長さで求めます。

9 kdTreeライブラリを使って、いわゆるkd木を作成します。このパラメータに、事前に準備した点が入った配列colorsと、距離を求める関数distanceを渡します。最後に、次元の配列も渡す必要があります。

10 表示する色として、画像imgの位置（gridX, gridY）のピクセルの色を読み取って、cに保存します。

11 kdTreeライブラリのnearest()関数が、渡された点から最も近い点を探索します。最後のパラメータは、結果をいくつ返すかを指定しています。ここで必要なのは1つだけです。

12 探索した結果は、近い点が入った配列になっています。この配列の各要素もまた、2つの要素をもつ配列で、点そのものと、渡された点との距離が入っています。ここでは、双方の配列の最初の要素[0][0]（つまり最も近い点）が必要です。この点の名前から対応する絵文字を特定して、ディスプレイ領域に配置することができます。

P.4.3.4 ピクセル値が作る絵文字

→ P_4_3_4_01 すべてのピクセルが絵文字に変わります。絵文字に限らず、ほかの画像の集合でも構いません。画像の集合は、多様なカラー値を再現できるよう十分な数を用意する必要があります。

オリジナルの写真

オリジナルの写真

P.4.3.4 ピクセル値が作る絵文字

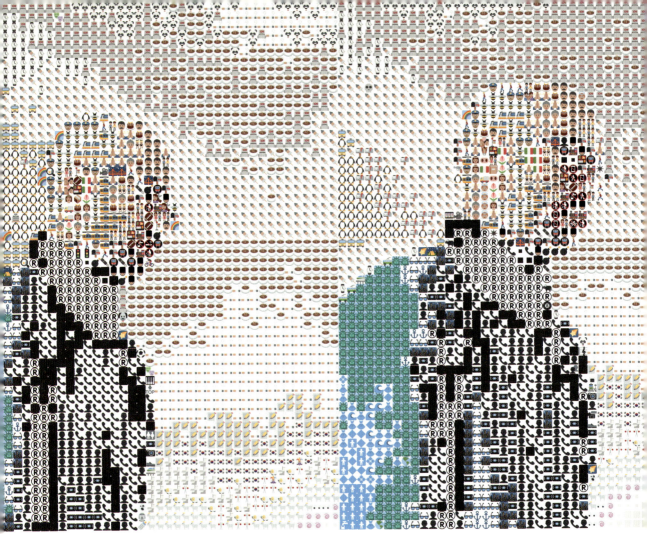

→ P_4_3_4_02　ウェブカメラのピクセルからでも絵文字の構成を作り出せます。

P.4　画像

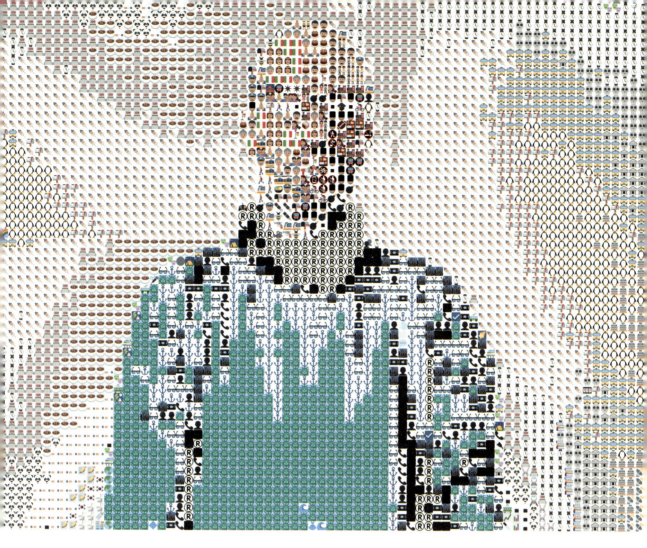

P.4.3.4 ピクセル値が作る絵文字

A

Appendix 付録

A	Appendix　付録	228-256
A.1	展望	230
A.2	解説	246
A.3	参考文献	252
A.4	編著者紹介	254
A.5	謝辞	255
A.6	訳者／監修者紹介	255
A.7	コピーライト	256

A.1 　展望

ジェネラティブデザインをもっと探究したくなりましたか？　そうなっていることを願っています。なぜならまだまだ未知の世界が広がっているからです！このチャプターでは、ビジュアライゼーション、3D形状の生成、パーティクルアニメーションなどの基礎となる「高度な表現手法」を展望します。この先のコードは、ウェブサイトに追加したスケッチやGitHubをご覧ください。最後に、すべてを成し遂げてから振り返ることで、これまでやってきたことを理論的にとらえたり、知的な世界への扉を開いたりすることができます。

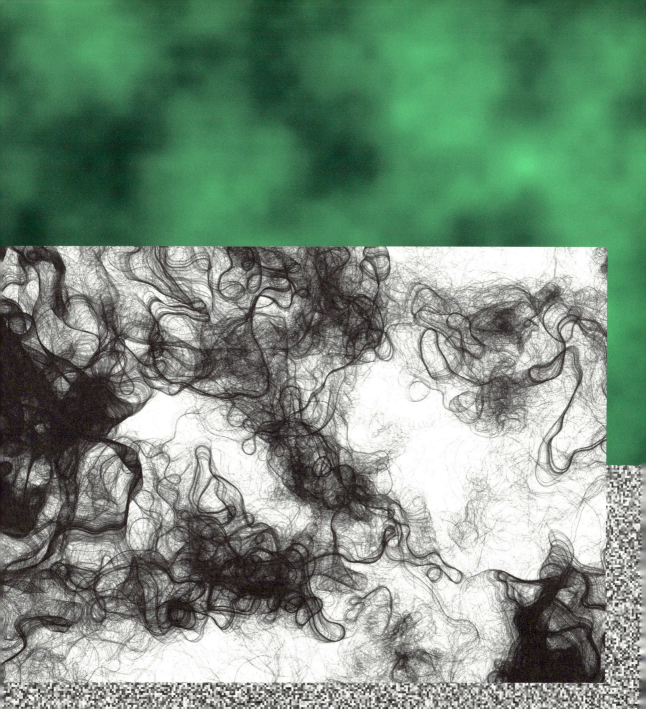

→ M_1_5_02 ノイズによって生成した値でエージェントの群れの動きをコントロールすると現れる典型的なイメージです。エージェントは点で表現し、軌跡をイメージ上に残していきます。

A.1 展望

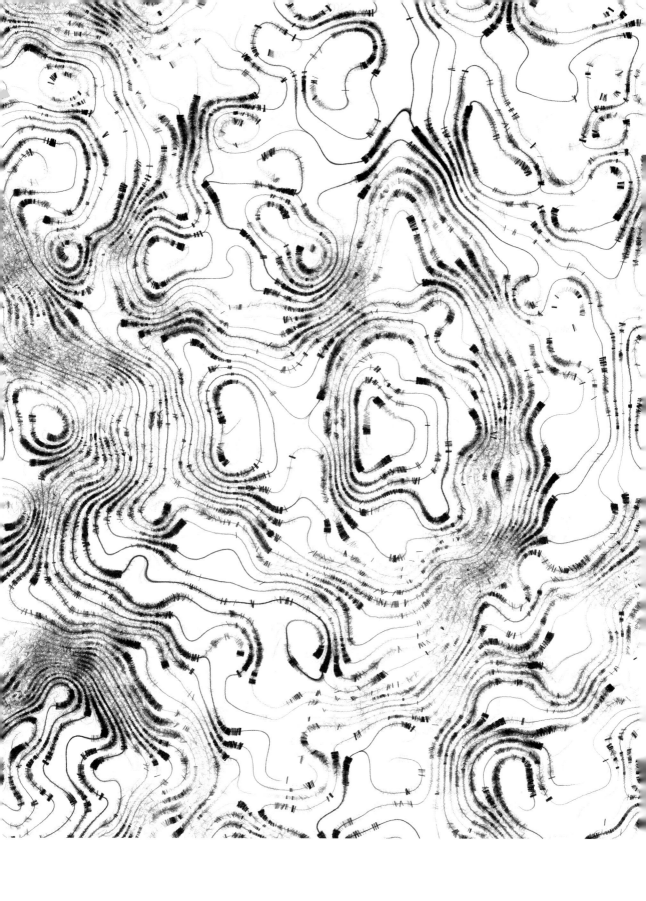

A.1 展望

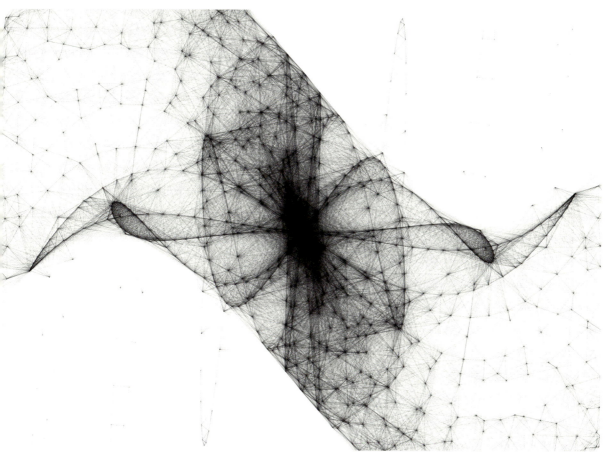

→ M_2_5_02 異なるサイン波を重ね合わせてできるイメージを、研究者Jules Antonie Lissajousの名前にちなんで「リサジュー図形」と呼びます。生成されたポイントを順番につなぐのではなく、それぞれのポイントをほかのすべての点とつなぐことで、興味深いネットワーク構造ができあがります。

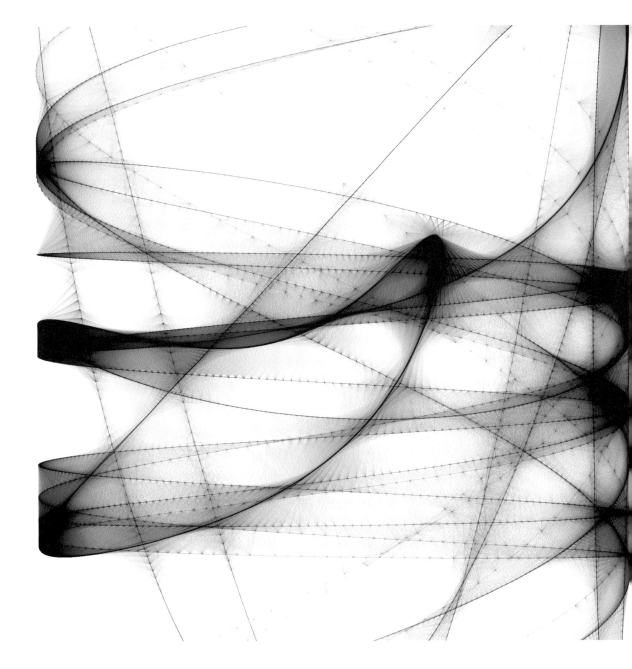

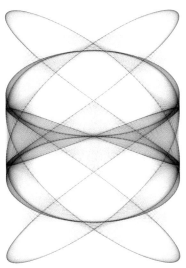

A.1 展望

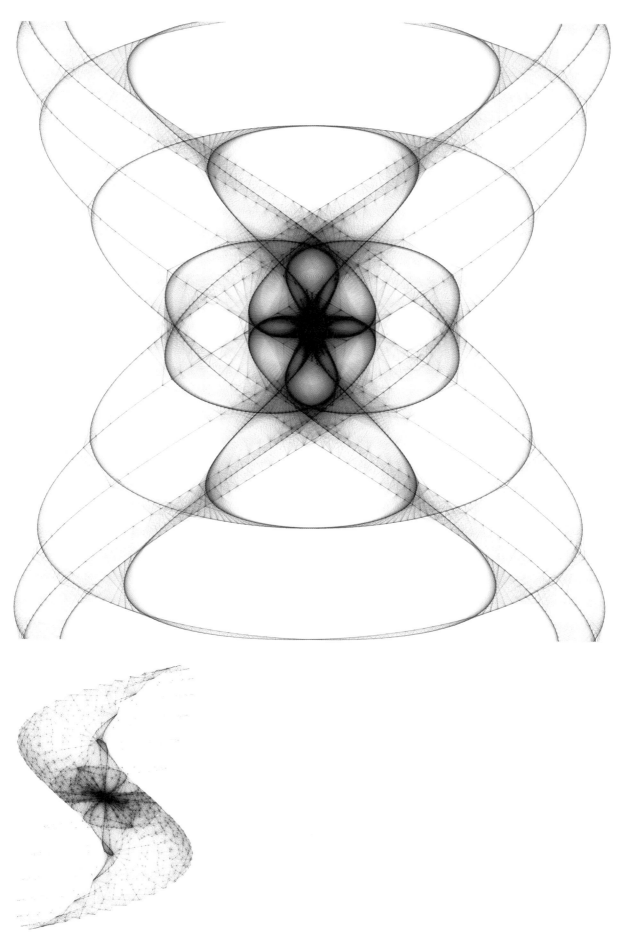

規則的に引かれていた線のポイントが、引き合ったり反発し合ったりする仮想的な磁石としてプログラムされたアトラクターによって、徐々に変形していきます。

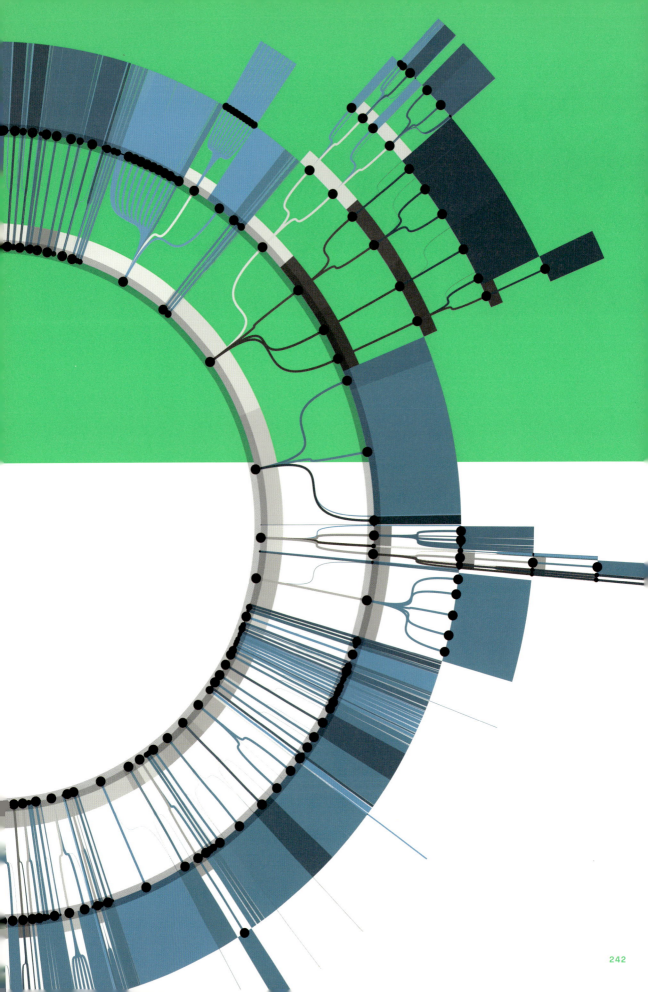

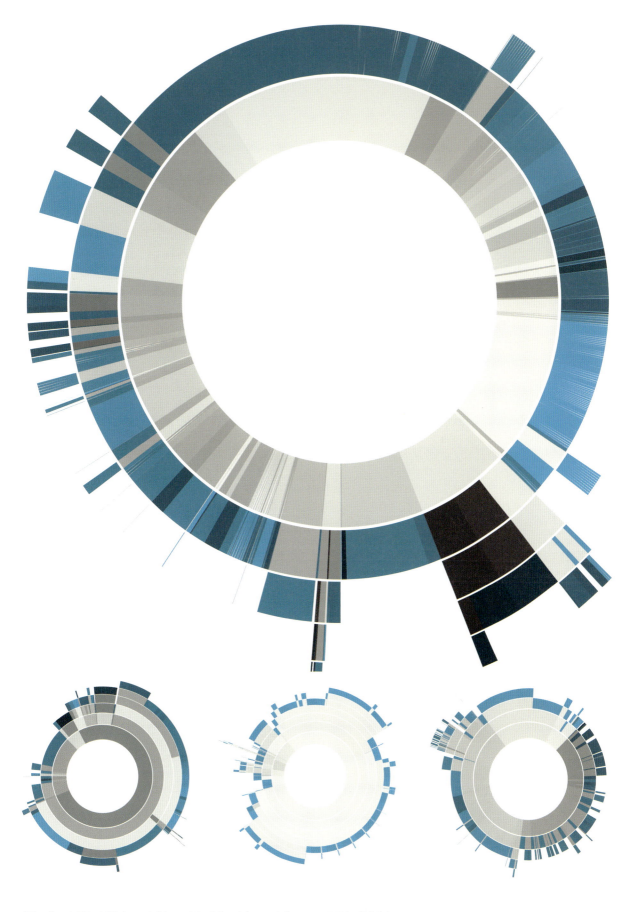

「サンバースト図」で表現したフォルダやファイルの構造のビジュアライゼーション。円周上の部分が暗い
ほど、フォルダ内のファイルが長い時間変更されていないことを表しています。ハードディスクのいろいろ
なフォルダやファイル構造を読み込んで可視化できます。

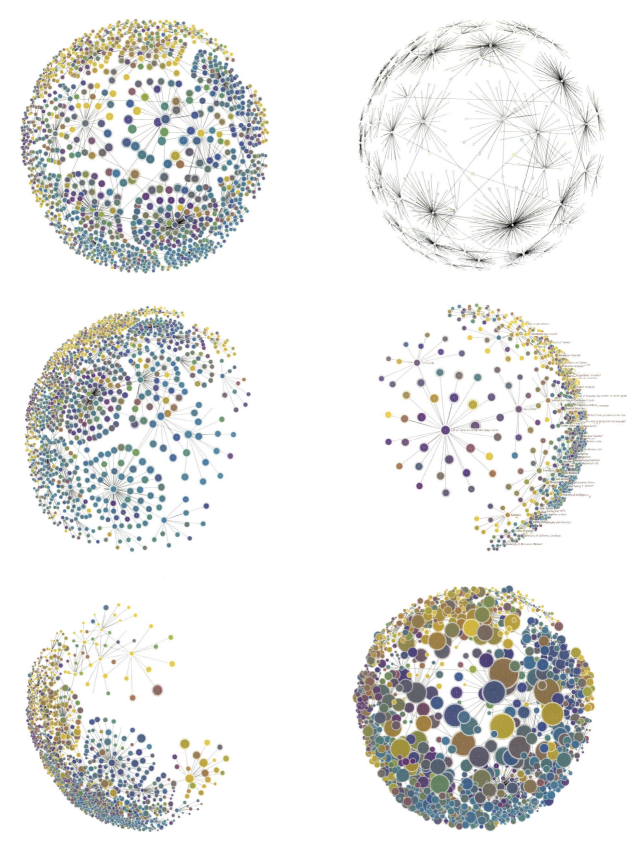

Wikipedia記事のリンク構造の可視化。円の大きさは記事の長さを、円の色はテーマの類似性を表しています。

A.1 展望 244

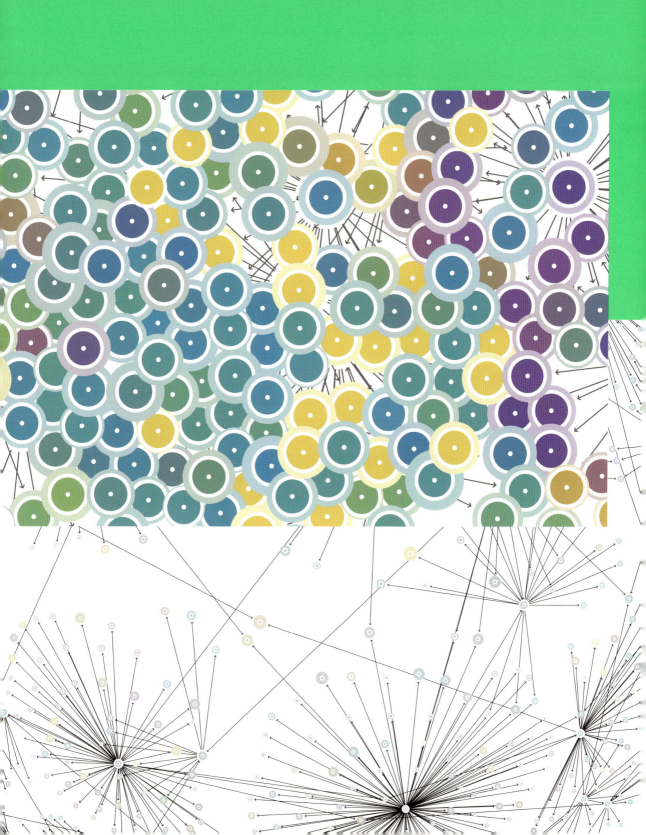

A.2 解説

本書では、ビジュアルをコードによって生成する手法を実用的な作例で示してきました。サンプルプログラムで実験することで、着想を得たり、ジェネラティブデザイン特有の感覚をつかんだりできます。ここからは、サンプルプログラムの背景にある考え方を考察し、学んできたことを文脈に位置づけてみます。なお、このパートは情報提供として、関連するトピックやつながりについても触れています。

現在の状況　デジタル化はデザインの世界を完全に塗り替えました。私たちみな、デザイナーとして日々の仕事の中で当たり前のようにコンピュータを使っています。しかし、Adobe Creative Cloudの製品（Photoshop、Illustratorなど）をはじめとする定番のデザインツールは、作図や描画を行うためにしか使えません。絵筆やはさみ、暗室といった既存のツールが仮想化されて効率的になったことで、結果を素早く得ることができ、快適に業務を進められるようになりました。しかし、こうしたツールを使ったデザインプロセスにはなんの進化もありません。[1] マウスであろうと絵筆であろうと、線を引くというコンセプトに変わりはありません。ではジェネラティブデザインは、こうした従来のアプローチと何が違うのでしょうか？　何よりも次の2つの点が異なります。デザインプロセスが違うこと。そして、根本的に新たな可能性を切り拓いていることです。

[1] 画面にマウスでお絵描きするのはとても楽しいことですが（中略）ペンで描いた線とマウスで描いた線に違いはありません。真のチャレンジは、新しい画材固有の属性を発見し、コンピュータなしでは描けない線や想像すらできない線をいかにコンピュータに描かせるか、にあるのです。

→　John Maeda（ジョン・マエダ）
『Design by Numbers』、175ページ

新しいデザインプロセス　ジェネラティブデザインによるデザインプロセスの本質的な変化は、職人芸に代わって、情報と抽象化が主要な要素になったことにあります。そのため、「どのように描くか」ではなく、「どのように抽象化するのか」という問いが最も重要になります。最初のアイデアから最終イメージにいたるプロセスには、アルゴリズム（一連のルール）しか介在しません。アルゴリズムは、コンピュータにとって解釈可能になって初めて実行できます。生成されるイメージはいずれも、ディスプレイに現れるよりも前に、制御システムによって完全に記述されているのです。ここでデザイナーは2つの課題に直面します。第一の課題は、漠然としたアイデアをど

アナログとデジタルのデザインプロセス

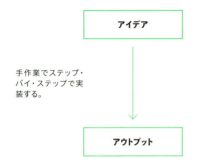

アウトプットのためのアイデアを、「地を這うように」手作業でステップ・バイ・ステップで実装します。デザイナーは、ひとつひとつのステップを直接吟味しながら介入することができます。紙の上のドローイングや、アニメーションのキーフレームを打つ、といった具合に。アイデアをデジタルで実装する場合も、デザインプロセスは基本的に変わりありません。絵筆、はさみ、暗室といったツールは仮想化されて効率化しました。しかし、どれも高速で快適になった「だけ」で、デザインプロセスは同じままです。

ジェネラティブなデザインプロセス

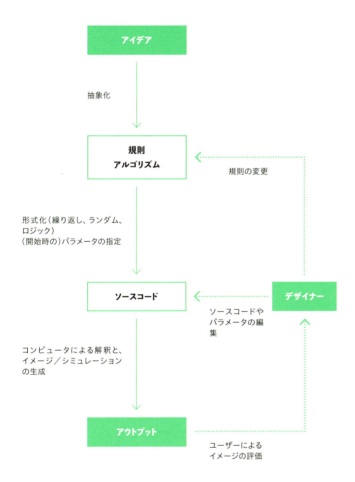

例：
エージェントが作る密集状態

アイデア：
泡のように円が密集した構造を生成する

抽象化した規則を制定：
・新しい円を作る。
・新しい円がほかのどの円とも重なっていなかったら、できるだけ大きくする。
・ほかの円と重なっていたら、はじめからやり直す。

コードの文法で記述：

```
for(var i=0; i < currentCount; i++) {
  var d = dist(newX,newY,x[i],y[i]);
  if (newRadius > d-r[i]) {
    newRadius = d-r[i];
    closestIndex[currentCount] = i;
  }
}
```

P.2.2.5
エージェントが作る密集状態

のように抽象化するのか、です。第2の課題は、そのアイデアをどうすればコンピュータの形式に沿って入力できるのか、です。残念ながら、アイデアを抽象化する魔法のレシピは存在しません。複雑なアイデアを実装するときの理想的な解決方法は、大きな問題を小さな問題群に分解することです。この問題解決の手法は、「分割統治法」[2] ともいいます。ある領域をできるだけ密に多くのランダムな大きさの円で重なることなく埋めつくす、という一例をとりあげます。第一歩は、この漠然としたアイデアを具体的でシンプルな「レシピ」に変換することです。「新しい円を作る」「新しい円がほかのどの円とも重なっていなかったら、できるだけ大きくする」「ほかの円と重なっていたら、はじめからやり直す」。 →P.2.2.5 このように分解して初めて、ひとつひとつのステップをプログラミング言語で記述して、コンピュータが実行可能なものにできます。プログラミング言語には、繰り返し、ロジック、ランダムといった基礎的な構成要素があり、このあと詳しく解説していきます。

繰り返しは、コンピュータに、ある問題を解決するまで取り組ませたり、大量のオブジェクトを操作させたりすることができます。繰り返しがいかに重要かは、本書のプログラムで多くのfor文を使っていて、プログラムの中核となる関数がdrawループだという事実にあらわれています。

ランダムは、多様性を作り出したり、コンピュータのもつ厳密な規則性を打ち破ったりします。ランダムをコントロールしない場合、面白い構成が生まれることはほとんどありません。興味深い結果はたいてい、ランダムに制限を設けたり、適切に使うことでできあがります。p5.jsでは、ランダムはrandomまたはnoiseというキーワードで表現します。 →P.3.2.5

ロジックは、ジェネラティブなプロセスを導く制御構造という意味で使っています。条件式を設定して、プログラムの流れを別々の方向に分岐させることができます。例えば、「設計図としてのテキスト」のチャプター →P.3.1.2 では、switch構造を使って、入力テキストに応じてプログラムの異なる部分を実行させています。それぞれの文字はそのまま書かれますが、句読点の場合は書く方向を転換します。同時に句読点は、対応する曲線の要素に置き換えられます。制御構造の最も一般的なキーワードは、if、else、switchです。

私たちは、デザインアイデアを、コンピュータによって解釈されるコードにうまく変換できるようになりました。1本の線も手で描くことなく、ゼロからイメージを作り出せるようになったのです。しかし、最初の作品が100%満足できるものになることはまずありません。作品をよく見て評価する必要があります。評価することが次の一歩の足がかりになります。

従来のアプローチに比べ、ジェネラティブデザインではイメージに直接手を入れることをしません。その代わり、プログラムの根底にある抽象化や個々のパラメータを変化させます。この出力結果と制作者のあいだの相互作用を繰り返すことで、ジェネラティブシステムが洗練されて、最終作品へ

[2]「分割統治法」のほかにも、トップダウンやボトムアップなど多くの問題解決手法があります。ジェネラティブデザインでは、「パターン」（パターンを繰り返している問題を分析してシステマティックに解決する）という考え方もとても役に立ちます。

→ **Christopher Alexander**
（クリストファー・アレグザンダー）
『パタン・ランゲージ』

→ P_3_2_5_01 から → P_3_2_5_0
動くフォント

→ P.3.1.2
設計図としてのテキスト

と発展していきます。相互作用を通じて、この効果をさらに加速させることができます。ジェネラティブシステム自体はインタラクティブである必要はありません。本書でも、インタラクションを大きく扱ってはいません。とはいえ、インタラクティブなコントロール要素を組み込む手間をかけることには価値があります。コントロール要素があれば、個々のパラメータの変化をリアルタイムにたどってコントロールできるからです。本書のすべてのプログラムはWebブラウザで動作するため、ボタンやスライダーといった標準のHTML要素でプログラムを手軽に拡張することができます。 → P.2.1.4

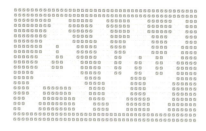

→ P.2.1.4
グリッドとチェックボックス

デザインの新たな可能性 プログラミング言語がデザインプロセスの一部になったことから、私たちデザイナーの可能性は大きく広がっています。コンセプチュアルな決定権限はこれまで通りデザイナーにあり、コンピュータが引き受けるのは飽きずに作業し続けるアシスタントの役割だけです。高速かつ快適にデザインを制作でき、何千個もの要素からなる構成を作り出せる能力は、自動化されたデジタル世界にある今日においても、感動的で特別なことです。一方で、「創発」「シミュレーション」「ツール」といった、より広い視野でジェネラティブデザインの可能性を見ていくこともできます。

ジェネラティブデザインの文脈では、次のような現象を創発と呼んでいます。予測不可能な結果が生まれたり、要素同士が相互作用して個別の属性を明らかに上回るものが引き出されたりすることです。よく挙げられる創発の例に、鳥の群れの振る舞いがあります。単純な規則から、非常に複雑で予測不可能な振る舞いが生まれます。「エージェントが作る成長構造」 → P.2.2.4 では、2ステップだけのとても単純なアルゴリズムから、まったく予期しない有機的な構造が生まれます（参考：Boids [ボイド] とセル・オートマトン）。

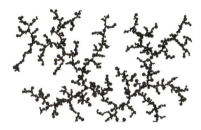

→ P.2.2.4
エージェントが作る成長構造

自然界の法則のシミュレーションも、ジェネラティブデザインの重要な手法です。例えば、チャプター → P.2.2.6 では、複数の振り子をつないだ構造を作りました。ひとつの振り子の運動は単純で、中心点の周りを回るだけです。ところが、複数の振り子を連続してつなぐと、もっとも外側にある振り子の動きは非常に複雑になります。この事例のように、ある分野の知識をほかの分野に取り入れることで、しばしば驚くような結果が生まれます。自然界にはまだ、ジェネラティブシステムに適用可能な多くのモデルがあることは間違いありません。

→ P.2.2.6
振り子運動するエージェント

おそらくデザイナーにとって、この可能性の広がりにおける最も重要な側面は、自分自身のツールの制作者になれるということでしょう。あらゆるジェネラティブなプログラムは、専用にカスタマイズされたツールでもあります。デザイナーは、現在のソフトウェアでは不可能なところから、より幅広いビジュアルデザインのツールへと新しい世界へ踏み出すことができます。チャプター「ドローイング」 → P.2.3 で見たように、独自に開発したツールとどこまでも対話していけることは、驚くべきことです。このようなシンプ

→ P.2.3
ドローイング

249

ルなドローイングツールでも、可能性は大きく広がります。これだけではなく、ツールを絶えず改良していくことで、自分にぴったり合った専用ツールが仕上がります。さらに、ジェネラティブなプログラムから組み込みツールや専用アプリに展開するのは、多くの場合それほど難しいことではありません。

展望 ジェネラティブデザインの世界は、この『Generative Gestaltung（Generative Design）』初版の刊行以来、著しく発展しました。この間、ジェネラティブデザイン（クリエイティブ・コーディングという名前でもよく知られるようになりました）は、デザインの世界で確固たる地位を確立しました。ビジュアライゼーション、アート作品、メディア・インスタレーション、建築モデル、ビデオクリップ、フォント、動的なイメージなどの基礎として、ジェネラティブデザインを使うことは当然のことになりました。その多様な応用分野は、カスタマイズされた大量生産品にまで及んでいます。将来に目を向ければ、ジェネラティブデザインが今後もさらに使われていくことは明白です。それは、次のような要因のおかげではっきりと示されています。

私たちは日々の生活で大量の情報に接し、さらに情報の生産量は急激に増加しています。この情報の洪水に対してビジュアライゼーションで社会に貢献することが、デザインにおいてますます重要な課題になっています **3**。こうした取り組みにジェネラティブデザインは不可欠な基礎となります。

技術的な可能性が発展することで、ジェネラティブデザインに活力が与えられます。例えば、ほんの数年前まで複雑な3次元世界を作ったり、さらにVRやARでその世界に触れるようにしたりといったことはほとんど不可能でした。しかし現在では、スマートフォンだけで実現可能になりました。こうした技術的な可能性が、今後もジェネラティブデザインを強く揺さぶり続けていくでしょう。

また、この分野の発展にはコラボレーションの先進性も寄与しています。他のデザインの領域ではほとんど見られない中で、とてもよく目立っています。驚くべきことに、Processing、p5.js、vvvv、openFrameworks、NodeBox、Basil.jsなどジェネラティブなツールの周辺には数多くのネットコミュニティがあり、ライブラリ、チュートリアル、サンプルプログラム、記事、フォーラム投稿、Wikiなどを提供しています。こうした交流の要因として、基本的にジェネラティブデザインがコラボレーションにとてもよく適していることにあるのは確かです。というのも、ソフトウェア業界が示しているように、デザインメディアの基礎となるコードは、とりわけチーム作業によく適しているからです。この点においてコードは、ビデオファイルのようなほかのメディアに比べ、簡単に交換したり配布したり共同編集したりできるという利点があります。

とはいえ、プログラミング能力のあるデザイナーはいまだに例外的な存在

3 データを理解し、データを処理し、データから価値を抽出し、データを可視化し、データとコミュニケーションできるといった、データを取り扱う能力は、これからの数十年で非常に重要なスキルになります。これは専門職のレベルに限らず、大学生や高校生、小・中学生の教育のレベルにおいても重要です。いまや私たちは基本的にフリーなデータをいたるところに持っているからです。このような状況で称賛に値する希少な要素が、データを理解し、データから価値を引き出す能力なのです。

→ **Hal Varian**
カリフォルニア大学バークレー校教授

です。これには歴史的、文化的な理由があります。デザイナーは、アーティストあるいは技術者（テクノロジスト）のどちらか一方の職種で仕事をしていくことを決めなければならないと思われているからです。両者の隔たりはすでに無くなりつつあるのに、1人の人間が両方を担えるようになるための、大学の教育カリキュラムはほとんど提供されていません。また、数学的で分析的なソースコードを通じて、アイデアからビジュアルな結果を得るという、新しいデザインプロセスが現れます。多くの人がこのプロセスを乗り越えがたい壁だと感じています。この壁を克服してもらうことが、本書の大きなテーマです。

ジェネラティブデザインは、コンピュータの秘めた可能性に取り組むうえで、新たな自己認識をもたらすでしょう。プログラミングとジェネラティブデザインは、写真や映画が20世紀に遂げたように、自らの領域を瞬く間に確立し、一般的で文化的な技術になろうとしています。その可能性はもうここにあり、私たちはその可能性を活かしていかなければいけません。

→ Georg Trogemann, Jochen Viehoff
Code@Art（序文）

A.3 参考文献

全般

→ **Helen Armstrong:** Digital Design Theory: Readings from the Field, 2016
邦訳：『未来を築くデザインの思想 —ポスト人間中心デザインへ向けて読むべき24のテキスト』、久保田晃弘 監訳・村上彩 訳、ビー・エヌ・エヌ新社、2016年
ジェネラティブデザインとその関連領域に関する新旧エッセイ集。

→ **Casey Reas, Chandler McWilliams, LUST:** Form+Code in Design, Art, and Architecture, 2010
邦訳：『FORM+CODE —デザイン／アート／建築における、かたちとコード』、久保田晃弘 監訳・吉村マサテル 訳、ビー・エヌ・エヌ新社、2011年

→ **Georg Trogemann, Jochen Viehoff:** CodeArt. Eine elementare Einführung in die Programmierung als künstlerische Praktik, 2004
初歩的な文化のための技術としてのプログラミング、プログラミングの理論と歴史、Javaによるコード例を含む。

→ **Gary William Flake:** The Computational Beauty of Nature: Computer Explorations of Fractals, Chaos, Complex Systems, and Adaptation, 1998
かなり数学的にとらえたジェネラティブデザイン。

p5.jsとProcessing

→ **Lauren McCarthy, Ben Fry, Casey Reas:** Getting Started with p5.js: Making Interactive Graphics in JavaScript and Processing, 2015

→ **Casey Reas, Ben Fry:** A Programming Handbook for Visual Designers and Artists Second Edition, 2014
邦訳：『Processing:ビジュアルデザイナーとアーティストのためのプログラミング入門』、中西泰人 監訳・安藤幸央・澤村正樹・杉本達應 訳、ビー・エヌ・エヌ新社、2015年

→ **Daniel Shiffman:** The Nature of Code, 2012
邦訳：『Nature of Code —Processingではじめる自然現象のシミュレーション』、尼岡利崇・鈴木由美・株式会社Bスプラウト 訳、ボーンデジタル、2014年

→ **Daniel Shiffman:** TheCodingTrain.com
p5.js、Processing、ジェネラティブデザインに関する優れたビデオ・チュートリアル。

データグラフィックス

→ **Alberto Cairo:** The Truthful Art: Data, Charts, and Maps for Communication, 2016

→ **Giorgia Lupi, Stefanie Posavec:** Dear Data, 2016

→ **Tamara Munzner:** Visualization Analysis and Design, 2014

→ **Robert Klanten, Sven Ehmann, Thibaud Tissot, Nicolas Bourquin:** Data Flow 2: Visualizing Information in Graphic Design, 2010

→ **Ben Fry:** Visualizing Data, 2007
邦訳：『ビジュアライジング・データ —Processingによる情報視覚化手法』、増井俊之 監訳・加藤慶彦 訳、オライリージャパン、2008年
Processingを利用した高度なデータグラフィックプログラミング。幅広い情報視覚化技術を豊富な実例を用いて解説。

→ **Edward R. Tufte:** Envisioning Information, 1990

→ **Edward R. Tufte:** The Visual Display of Quantitative Information, 1983

美学

→ **Andrew Blauvelt, Koert van Mensvoort:** Conditional Design: Workbook, 2013

→ **Christian Leborg:** Visual Grammar, 2006
邦訳：『Visual Grammar —デザインの文法』、大塚典子 訳、ビー・エヌ・エヌ新社、2007年
ビジュアル言語の概説。明快かつ実例が豊富。

→ **Dietmar Guderian:** Mathematik in der Kunst der letzten dreißig Jahre, 1991
数学の視覚芸術への影響についてのインスピレーショナルな展示カタログ。

→ **Wassily Kandinsky:** Point and Line to Plane, 1925
邦訳：『点と線から面へ』、宮島久雄 訳、中央公論美術出版、1995年／筑摩書房（ちくま学芸文庫）、2017年
1925年に原著刊行。バウハウスの名匠による抽象絵画に関する理論的考察。

→ **Karl Gerstner:** Designing Programmes, 1964
邦訳：『デザイニング・プログラム』、朝倉直巳 訳、美術出版社、1966年
1964年に原著刊行。このタイトルは現在のデジタル時代では誤解を招くかもしれない。もし今日この本が刊行されるなら、『デザインルールの発明』と題されるだろう。

歴史と系譜

→ **Wulf Herzogenrath, Barbara Nierhoff-Wielke**: Ex Machina – Frühe Computergrafik bis 1979, 2007
展示カタログ。1950年代の始まりから1979までのコンピュータグラフィックのコレクション。

→ **Christoph Klütsch**: Computer Grafik. Ästhetische Experimente zwischen zwei Kulturen, 2007
博士論文。希少な作品の復刻を含む。

→ **Ästhetik als Programm. Max Bense / Daten und Streuungen**
(Kaleidoskopien, Bd. 5), 2004
シンポジウム「シュトゥットガルト1960 理論と芸術の中のコンピュータ」においての1960年代の理論に関する文章のアンソロジー。

→ **John Maeda**: Design by Numbers, 2001.
プログラミング言語DBNを利用して作り出すデザインの世界を紹介した最初の著名な本。

→ **John Maeda:** Maeda@Media, 2000
ジェネラティブデザインに多大な貢献をしたジョン・マエダの自伝であり作品集。

→ **Erwin Steller: Computer und Kunst. Programmierte Gestaltung:** Wurzeln und Tendenzen neuer Ästhetiken, 1992
1990年までの草創期の歴史的展開。

→ **Herbert W. Franke, Gottfried Jäger:** Apparative Kunst. Vom Kaleidoskop zum Computer, 1973

→ **Georg Nees:** Generative Computergraphik, 1969
Max Bense指導のもと、Georg Neesにより著されたシュトゥットガルト大学博士論文。おそらくジェネラティブデザインについて広範に書かれた最初の本。コード例はALGOLで書かれている。

→ **Jasia Reichardt: Cybernetic Serendipity:** The Computer and the Arts, 1968
ロンドンで開催された初めての大きなコンピュータアート展のカタログ。

A.4 編著者紹介

→ **Benedikt Groß**（ベネディクト・グロース）

1980年、バーデン＝ヴュルテンベルク州生まれ。2002年に地理学とコンピュータサイエンスを専攻するも、デザインへの興味から中退。2007年にシュヴェービッシュ・グミュント造形大学でJulia Laubのもと「ジェネラティブシステム」により学位を取得。その後、産学両域において活動。2011年から2013年にかけて、Anthony DunneとFiona Rabyに師事し、インタラクションデザインの修士号をロンドン王立大学にて取得。同時にボストンとシンガポールのマサチューセッツ工科大学のenseable City Labにデータ可視化のスペシャリストとして従事。2013年からフリーランスとしてスペキュラティブ・コンピュータ・デザインの領域で活動。国際展参加、受賞、著書多数。2017年からシュヴェービッシュ・グミュント造形大学インタラクションデザインの教授。

→ **Hartmut Bohnacker**（ハルムート・ボーナッカー）

1972年、バーデン＝ヴュルテンベルク州生まれ。数学の研究と経済学の学位から離れて、シュヴェービッシュ・グミュント造形大学でコミュニケーションデザインを学ぶ。卒業後の2002年、シュトゥットガルトでフリーのデザイナー。専門は、インターフェースやインタラクションデザイン分野のプロジェクトのコンセプト構築、デザイン、プロトタイプ実装。2002年の終わりからは、デジタルメディアの教員。2009年から、シュヴェービッシュ・グミュント造形大学でインタラクションデザインの教授。

→ **Julia Laub**（ユリア・ラウブ）

1980年、バイエルン州生まれ。2003年、シュヴェービッシュ・グミュント・デザイン大学でコミュニケーションデザインを学ぶ。バーゼルのHGKに留学。2007年、修士論文『ジェネラティブシステム』（BenediktGroßと共著）。2008年から、ブックデザイン、コーポレートデザイン、ジェネラティブデザインを専門とするグラフィックデザイナーとして独立。2010年、ベルリンにデジタルアートとデザインの会社onformativeをCedric Kieferと設立。さまざまな大学でワークショップを開き、教鞭をとる。

→ **Claudius Lazzeroni**（クラウディウス・ラッツェローニ）

1965年、バイエルン州生まれ。1984年、写真家を目指しRaoul Manuel Schnellに師事。1987年、ボストンのマサチューセッツ芸術大学のチューター。1992年、ベルリンのBILDOアカデミーでメディアデザインの学位取得。1996年までPixelparkのクリエイティブディレクター。2001年までベルリンのデザインエージェンシーIM STALLの創設者、ディレクター、クリエイティブディレクター。1999年から、エッセンのフォルクヴァング芸術大学でインターフェースデザインの教授。2005年から、「solographs」を探究、開発、構築。2007年から、フィジカルコンピューティングを含む学科へと拡張。

→ **Niels Poldervaart**（ニルス・ポルダーファールト）

1994年、オランダ生まれ。2016年にスヘルトーヘンボス大学にてコミュニケーション・マルチメディアデザインで学士取得。2016年からデータ可視化、Eラーニング、ゲーミンググラフィックデザインを中心としたウェブ開発者・デザイナーとして活躍。

→ **Joey Lee**（ジョーイ・リー）

1990年、アメリカ合衆国カリフォルニア生まれ。2012年にカリフォルニア大学ロサンゼルス校で地理学の学士を、バンクーバーのブリティッシュコロンビア大学で地理学の修士を取得。2013年マサチューセッツ工科大学のSenseable City Lab、2015年にMozilla Science Labで研究・教育者として国際的に活動。空間・デジタルメディア、都市空間における気候学、オープン・ソースに関する国際展参加、受賞、著書多数。

A.5 謝辞

- → Lauren McCarthy、p5.jsの創始者に

- → Julia Kühne、Christian Schiller、Steffen Knöl、Christian Nicolaus、Andreas Lörinc：Gold & Wireschaftswunderのチームに

- → Verlag Hermann Schmidtの皆（とりわけBrigitte Raab）に

- → Sabrina Groß、その助言と手助けに

- → すべての短いコードを提供してくれた人々に、この本で使用させていただいたすべてのJavaScriptのライブラリの開発者に（Codeパッケージの中のReadmeファイル参照）

- → twemojiのチームに (github.com/twitter/twemoji)

- → Frederik De Bleser、Opetype.jsとg.jsに関する質問への迅速な回答と助力に

A.6 訳者／監修者紹介

訳者

独日翻訳／

→ **美山 千香士** [みやま ちかし] @chikashimiyama
電子音響音楽作曲家、プログラマ。国立音楽大学にて修士、スイス・バーゼル音楽大学にてナッハディプロム、アメリカ・バッファロー大学にて博士号（作曲）を取得。2011年DAAD奨学金により渡独。2015-17年、カールスルーエのメディア芸術センターZKMにおいて研究員を務め、現在、ケルン音楽舞踏大学にて後進の指導、デュッセルドルフDear Reality社とチューリッヒICSTにてソフトウェア開発に従事。2018年度、カナダ・モントリオールSAT客員芸術家。
http://chikashi.net

英日翻訳／

→ **杉本 達應** [すぎもと たつお] @sugi2000
佐賀大学芸術地域デザイン学部准教授。国際情報科学芸術アカデミー[IAMAS]卒業。東京大学大学院学際情報学府博士課程単位取得満期退学。メディア表現を支援するシステム開発や、メディア表現の技術文化史研究などを行う。共著に『メディア技術史：デジタル社会の系譜と行方[改訂版]』（北樹出版、2017年）。『Processing』（ビー・エヌ・エヌ新社、2015年）、『Generative Design』（同、2016年）共訳者。

監修者

→ **深津 貴之** [ふかつ たかゆき] @fladdict
インタラクション・デザイナー。株式会社thaを経て、Flashコミュニティで活躍。2009年の独立以降は活動の中心をスマートフォンアプリのUI設計に移し、株式会社Art&Mobile、クリエイティブユニットTHE GUILDを設立。メディアプラットフォームnoteを運営するピースオブケイクCXOなどを務める。執筆、講演などでも勢力的に活動。
http://theguild.jp
http://fladdict.net/blog

→ **国分 宏樹** [こくぶん ひろき] @cocopon
大手メーカー勤務を経て、現在は個人およびTHE GUILDのメンバーとして活動中。Web/iOSなどのフロントエンドを主軸に、UIデザインから開発全般まで手がける。プライベートにおいても、ドット絵の展示やジェネラティブアートの制作など、幅広い領域で活動している。2018年度、多摩美術大学統合デザイン学科非常勤講師。
https://cocopon.me

A.7 コピーライト

Creative Coding im Web
Generative Gestaltung

Copyright
© 2018 Verlag Hermann Schmidt and the authors
www.verlag-hermann-schmidt.de

Japanese translation rights arranged with
Verlag Hermann Schmidt GmbH & Co. KG through
Japan UNI Agency, Inc., Tokyo

Japanese translation Copyright
© 2018 BNN, Inc.
1-20-6, Ebisu-minami, Shibuya-ku, Tokyo
150-0022 JAPAN
www.bnn.co.jp

ISBN978-4-8025-1097-4
Printed in Japan with Love.

Generative Design with p5.js p5.js版ジェネラティブデザイン
ウェブでのクリエイティブ・コーディング

2018年6月22日　初版第1刷発行

編著：	Benedikt Groß、Hartmut Bohnacker、Julia Laub、 Claudius Lazzeroni
協力：	Joey Lee、Niels Poldervaart

翻訳：	美山千香士[独日翻訳]、杉本達應[英日翻訳]
監修：	THE GUILD（深津貴之、国分宏樹）

発行人：	上原哲郎
発行所：	株式会社ビー・エヌ・エヌ新社
	〒150-0022　東京都渋谷区恵比寿南一丁目20番6号
	E-mail：info@bnn.co.jp
	Fax：03-5725-1511
	http://www.bnn.co.jp/

印刷・製本：	シナノ印刷株式会社

Special thanks：久保田晃弘、安藤幸央、澤村正樹
日本語版デザイン：平野雅彦
日本語版編集：　石井早耶香、村田純一

※ 本書の内容に関するお問い合わせは弊社Webサイトから、またはお名前とご連絡先を明記の うえE-mailにてご連絡ください。
※ 本書の一部または全部について、個人で使用するほかは、株式会社ビー・エヌ・エヌ新社および 著作権者の承諾を得ずに無断で複写・複製することは禁じられております。
※ 乱丁本・落丁本はお取り替えいたします。
※ 定価はカバーに記載してあります。

Concept:
Benedikt Groß, Hartmut Bohnacker,
Julia Laub, Claudius Lazzeroni

Text:
Hartmut Bohnacker, Benedikt Groß,
Claudius Lazzeroni

Programming:
Benedikt Groß, Hartmut Bohnacker,
Niels Poldervaart, Joey Lee

Design:
Gold & Wirtschaftswunder Stuttgart,
www.gww-design.de
Julia Kühne & Christian Schiller (Art Direction),
Steffen Knöll, Christian Nicolaus

Illustration & Photograph:
Hartmut Bohnacker, Benedikt Groß,
Julia Laub, Claudius Lazzeroni, Jana-Lina
Berkenbusch, Andrea von Danwitz,
Pau Domingo, Stefan Eigner, Victor Juarez
Hernandez, Cedric Kiefer, Steffen Knöll,
Andreas Lörinc, Franz Stämmele, Tom Ziora

Go on coding!
www.generative-gestaltung.de
本書のすべてのコードは、p5.js 0.5.11に対応し、Apacheライ センスで公開されています。

Website
Concept and Design:
Gold & Wirtschaftswunder, Benedikt Groß
Programming and Implementation:
Niels Poldervaart, Joey Lee, Benedikt Groß